森林生态系统碳循环关键过程监测和模拟

郑云普　杨庆朋　徐　明　李仁强　郝立华　乔雅君　著

科 学 出 版 社
北 京

内 容 简 介

本书结合全球变暖背景下森林生态系统科学管理的实践需求和全球变化生态学研究的前沿科学问题，介绍了国内外关于森林生态系统碳循环关键过程监测和模拟的发展方向。以我国亚热带人工林和温带农田防护林为研究对象，通过野外长期原位监测、实验室理化分析及模型模拟相结合的手段，从多树种、多尺度、多过程入手，探讨森林生态系统碳循环关键过程的控制机理及其对环境温度变化的响应机制，分析不同森林类型树干呼吸和土壤呼吸的季节动态变化及其影响因素，以期阐明森林生态系统关键碳循环过程对全球气候变暖的潜在响应机理。研究结果不仅为准确全面评估全球变暖对森林生态系统生产力的影响程度提供数据支撑，而且为制定森林生态系统气候变化适应性管理对策提供理论依据。

本书可供从事全球变化生态学、森林生态学、森林培育与管理学、树木生理生态学的科研工作者、技术人员及相关专业研究生、教师参考。

图书在版编目(CIP)数据

森林生态系统碳循环关键过程监测和模拟／郑云普等著．—北京：科学出版社，2019. 4

ISBN 978-7-03-061077-5

Ⅰ. ①森… Ⅱ. ①郑… Ⅲ. ①森林生态系统–碳循环–研究 Ⅳ. ①S718. 55

中国版本图书馆 CIP 数据核字(2019)第 075021 号

责任编辑：焦 健 柴良木／责任校对：张小霞

责任印制：吴兆东／封面设计：北京图阅盛世

科学出版社 出版

北京东黄城根北街 16 号

邮政编码：100717

http://www.sciencep.com

北京建宏印刷有限公司印刷

科学出版社发行 各地新华书店经销

*

2019 年 4 月第 一 版 开本：787×1092 1/16

2025 年 3 月第三次印刷 印张：7 3/4

字数：184 000

定价：88. 00 元

（如有印装质量问题，我社负责调换）

前　言

近百年来,全球气候正在经历着一场以变暖为主要特征的显著变化,对全球的生态系统、社会经济以及人类命运产生了巨大的影响。由温室气体排放而诱发的全球性气候变暖问题已成为国际科学研究的热点之一。然而,全球气候变化对生态系统的影响是全方位、多尺度和长期的,既包括负面影响,也产生正面效应。目前,气候变化的负面影响更加受到学术界的广泛关注,因为这种不利影响可能会危及人类社会未来的生存和发展。总之,全球变化,无论是全球变暖还是 CO_2 浓度增加,都将对全球碳循环产生重大影响,继而反过来再影响气候变化。参与全球碳循环的三大碳库中,大气碳库的变化易于测度;海洋碳库的收支状况也比较明确;而陆地生态系统受多种因子的交互影响,其中主要包括自然或人为的扰动、农业用地的扩张、氮磷沉降以及大气臭氧浓度的变化等,其碳循环过程及对全球变化的反馈效应极其复杂。尽管最近的证据表明,在未来气候变暖的情况下,陆地生态系统可能有着正反馈作用,从而加剧气候变暖,但是依然有很大的不确定性。森林生态系统储有 1146 Pg① 碳,约占全球植被碳库的86%,是陆地生态系统碳循环的主导者。因此,研究森林生态系统碳循环,阐明其动态变化是预测未来气候变化趋势的关键环节所在。

全球气候变暖已是一个不争的事实,森林生态系统碳循环如何对其响应和适应引起了生态学家的广泛关注,尤其是土壤呼吸、树干呼吸等关键碳循环过程与机制的研究对于深入理解生态系统碳循环与气候变化的反馈机制具有重要的意义。因此,开展森林生态系统碳循环过程及其控制机理的相关研究意义重大,它不仅是认识与应对气候变化挑战的重要主题,也是满足区域与国家碳减排的战略需求。在哥本哈根世界气候大会上,中国政府承诺到 2020 年单位 GDP 的 CO_2 排放比 2005 年减少 40% ~45%。因此,随着我国碳减排压力的不断增大,如何在保障社会经济发展的同时,最大限度地利用自然生态系统增汇减排成为当前面临的一个重大课题。作为陆地生态系统中最重要的森林生态系统,被认为具有最大的固碳潜力。然而,由于生态环境对其碳源-汇功能的调节机制尚不明确,其碳源-汇的大小及其对全球变化的响应还很难准确评价。森林

---

① $1Pg=1\times10^{15}g$。

生态系统碳库的动态变化主要取决于生态系统呼吸与光合作用对气候变化的敏感性、适应速度与适应程度的相对大小，而极端气候则进一步加大了其复杂性。森林碳汇功能的强弱取决于森林生态系统呼吸作用和光合作用的相对强弱。相对于植物的光合作用，人们对呼吸过程（叶片呼吸、树干呼吸和土壤呼吸等）的理解和认识还不够深入，尤其是土壤呼吸过程及其控制机理尚不明确。

本书包括三个部分，共8章：第一部分（第1～2章）为理论部分，阐述森林生态系统碳循环关键过程的概念与理论，系统梳理森林生态系统土壤呼吸温度系数Q_{10}影响因素的最新研究进展；第二部分（第3～7章）为森林生态系统关键碳循环过程的监测部分，重点论述森林生态系统树干呼吸和土壤呼吸过程的时空动态及其控制因素，阐述环剥、断根及去掉落物等措施对森林生态系统树干呼吸和土壤呼吸的影响机理；第三部分（第8章）为森林生态系统呼吸的模拟部分，详细阐述生态系统呼吸的估算方法及数值模拟。

本书是在国家自然科学基金项目（No. 31200302；No. 31400418；No. 31570402）、河北省自然科学基金项目（C2016402088）、河北省青年拔尖人才计划项目（BJ2016012）、河北省引进留学人员资助项目（CN201702）、河北省创新能力提升计划科技研发平台建设专项“河北省水资源高效利用工程技术研究中心”（No. 18965307H）共同资助下，由河北工程大学、中国科学院沈阳应用生态研究所、中国科学院地理科学与资源研究所、河南大学以及河北雄安新区生态环境局的研究人员完成，具体章节编写人员为：第1章由徐明、杨庆朋、郑云普、郝立华完成；第2章由杨庆朋、徐明、郑云普、李仁强完成；第3章由杨庆朋、郑云普、徐明、李仁强完成；第4章由杨庆朋、郑云普、郝立华、乔雅君完成；第5章由郑云普、李仁强、杨庆朋、徐明完成；第6章由郑云普、徐明、杨庆朋、郝立华完成；第7章由郑云普、李仁强、杨庆朋、乔雅君完成；第8章由杨庆朋、徐明、郑云普、李仁强完成。

特别指出，限于笔者水平，本书中不足之处在所难免，敬请广大读者批评和赐教。

作　者

2018年12月8日于河北邯郸

目　　录

第1章　绪　　论

生态系统的碳平衡主要取决于光合和呼吸两个过程。通常，植物通过光合作用固定空气中的CO_2，并把它转化为有机碳化合物。这些有机碳化合物一部分用于植物组织的生长，还有一部分被分解用来为植物提供能量，在这个过程中，CO_2通过植物的呼吸又被释放到大气中去。植物组织包括根、茎和叶等，这些植物组织死亡后（凋落物）被微生物分解，为微生物的生长和其他代谢活动提供能量，与此同时CO_2通过微生物的呼吸释放回大气中。活的微生物和死亡的植物以及死亡的微生物残体混合在一起形成土壤有机质，这些土壤有机质也可以被微生物利用而产生CO_2。呼吸过程（植物呼吸和微生物呼吸）的研究相比光合过程而言还不够系统深入。本章对树干呼吸、土壤呼吸以及生态系统呼吸组分的估算等研究的最新进展分别进行了阐述。

1.1　森林树干呼吸监测及其影响因素

生态系统净初级生产力的大小取决于该系统初级生产力与自养呼吸之差，森林生态系统中树木的自养呼吸能消耗自身固定碳的50%～70%（Ryan et al., 1994），木质组织呼吸是自养呼吸的一个重要组成部分，在不同森林群落中所消耗的光合作用产物比例差别很大，占总初级生产力（gross primary productivity，GPP）的6%～50%（Lavigne et al., 1997；Law et al., 1999a；Granier et al., 2000）。树干是组成森林木质组织的重要部分，对森林总自养呼吸的影响巨大，其贡献率因森林类型不同而不同，研究表明树干呼吸可以占到自养呼吸的12%～42%（Ryan et al., 1996；Ryan and Waring, 1992）。

1.1.1　树干呼吸定义

树干呼吸指的是树干中活的组织（韧皮部、形成层和木质部软组织）的生理有氧呼吸。树干呼吸包括生长呼吸和维持呼吸，生长呼吸指的是为植物生长提供必须能量而产生CO_2的过程，而维持呼吸指的是现有的活细胞维持自身的代谢所释放CO_2的过程。树干呼吸很难直接测定，通常情况下把树干表面测定的CO_2通量作为树干呼吸。

事实上树干表面测定 CO_2 通量并不能真实反映木质组织中活细胞的实际呼吸。呼吸是一个产生 CO_2 的主动过程，而通量是一个由扩散系数和浓度梯度等物理因子决定的被动过程，它不仅受活细胞产生的 CO_2 影响，还受溶解在木质部液流中的 CO_2 影响（Maier and Clinton, 2006; Saveyn et al., 2008a），而木质部液流中的 CO_2 又部分来自根和微生物呼吸（Teskey and McGuire, 2007; Teskey et al., 2008）。但在实际测定中，通过液流等带走的 CO_2 占整个树干呼吸的比例很小（Maier and Clinton, 2006; Saveyn et al., 2008a），因此多数研究依然把树干表面测定的 CO_2 通量近似作为树干呼吸。

1.1.2 树干呼吸研究进展

树干呼吸的早期研究多是离体测定，研究有很大的局限性（Xu et al., 2000）。近年来随着原位测量技术的发展，树干呼吸的研究得到了很大发展（Law et al., 1999a），而且研究不断深入。树干呼吸是一个复杂的生物学过程，受多种因素影响，包括温度、湿度、大气 CO_2浓度、土壤养分等外部环境条件（Damesin et al., 2002; Moore et al., 2008; Wertin and Teskey, 2008; Gruber et al., 2009），还包括树干含氮量及树干本身在林冠中所处位置、树干高度、方向、树木年龄等因素（Vose and Ryan, 2002; Kim and Nakane, 2005; Kim M H et al., 2007; McGuire et al., 2007），这使得树干呼吸一方面具有明显的规律性，另一方面又表现出很大的变异。

以前研究发现，温度是影响呼吸最主要的因素。一般情况下，树干呼吸和温度高度相关（Damesin et al., 2002; Wieser and Bahn, 2004; Gruber et al., 2009）。例如，Gruber 等（2009）的研究表明树干温度决定了树干呼吸变化的 68%，而 Wieser 和 Bahn（2004）的研究也发现树干温度决定了呼吸变化的 71%。温度可能通过三个不同的过程影响树干呼吸：温度升高增强了细胞的呼吸速率，增加了 CO_2 的扩散系数，降低了水中溶解的 CO_2（McGuire et al., 2007）。此外有研究表明，树干呼吸与温度之间有滞后现象。Ryan 等（1995）发现树干温度推后 5 小时可以更好地拟合温度与呼吸的关系；Bosc 等（2003）则发现温度数据推后 50 分钟可以更好地拟合树枝呼吸与树枝温度的指数关系。这种滞后现象的原因包括：①单点测定的树干温度并不能代表整个树干的温度（Stockfors, 2000）；②形成层和树皮等的阻滞作用，使活细胞产生的 CO_2 不能及时通过树皮表面扩散出去。尽管如此，也有一些研究发现树干呼吸和温度的相关性不显著，甚至没有相关性（Saveyn et al., 2008b），这可能是别的影响因素占据了主导地位。

水分是影响树干呼吸的另一个重要因素。有研究表明，水分也会对树干呼吸产生一定的影响（Wang W J et al., 2003；Saveyn et al., 2007a, 2007b；Molchanov, 2009）。例如，Saveyn等（2007a）的研究证实了水分对树干呼吸的影响，他发现水分造成的活细胞膨胀压的变化导致树干呼吸的日动态偏离了温度，这说明除了温度外，树干的水分状态也是一个重要的影响因子。Wang W J等（2003）发现树干呼吸的日变化模式并不完全匹配树干温度的变化，即上午的树干呼吸变化与温度相关，而下午则没有关系，他认为这种现象是下午水分缺失而影响了树干呼吸。

基质供应，即光合产物的供应也影响树干呼吸（Zha et al., 2004；Wertin and Teskey, 2008）。例如，Zha等（2004）发现树干呼吸与光合有效辐射和生态系统GPP显著相关，这表明光合作用也部分调节树干呼吸。Ogawa（2006）发现修剪枝条和环剥后树干呼吸都有所下降，并认为其主要原因是输送到树干的光合产物的减少导致树干呼吸的下降。此外，也有研究表明增加CO_2后，植物光合作用明显增强，同时树干呼吸也增加了130%，而低光和全暗环境则使树干呼吸降低了78%和65%（Wertin and Teskey, 2008）。最近的研究发现，树木环剥后，非结构性碳的减少导致树干呼吸急剧下降（Maier et al., 2010）。

树干呼吸包括生长呼吸和维持呼吸（Lavigne et al., 2004a），因此植被生长会影响树干呼吸。例如，Acosta等（2008）研究发现树干呼吸与树的生长紧密相关。同样活细胞的数目也会影响树干呼吸。还有研究表明活的管胞和形成层细胞的数量与树干基础呼吸（温度为10℃时的树干呼吸）显著相关（Gruber et al., 2009）。

近年来，有研究证实了树干呼吸产生的CO_2可能部分通过植物的蒸腾作用进入大气中，并不完全通过树表扩散进入大气（McGuire et al., 2007；Saveyn et al., 2008b）。Gansert（2004）发现在一特定温度下，白天的树干呼吸比夜间的要低；Gruber等（2009）也发现了同样的现象，他们认为正是液流的影响造成了这种现象。CO_2在水中的溶解度较高，因此由木质组织细胞产生的CO_2部分通过蒸腾作用从叶片扩散出去，而非通过树干（Teskey and McGuire, 2002）。在这种情况下，测定树表CO_2通量实际上是低估了真正的树干呼吸。所以，液流的速度对树干表面呼吸通量而言是相当重要的（Teskey and McGuire, 2002）。许多研究发现液流速度和树表CO_2通量呈负相关（McGuire et al., 2007），但也有研究表明液流速度和树表CO_2通量不相关（Cerasoli et al., 2009）。总之，液流速度和树干呼吸的关系因树种不同而不同（Teskey et al., 2008），甚至单株树之间也可能不同（Bowman et al., 2005）。

我国树干呼吸的研究才刚刚起步，随着原位测量技术的发展，国内学者开始对不同树种的树干呼吸进行了初步探讨。姜丽芬等（2003）、王淼等（2005, 2008）、严玉平等（2006, 2008）对我国寒温带、亚热带以及热带的主要森林的树干呼吸进行了一些初步研究，主要集中在树干呼吸与温度、树干径级、树龄等的相互关系上，整体而言与国外的研究差距还很大。但这些研究从树干呼吸的方法与理论上都进行了一定的探索，为阐明我国森林在全球碳循环中的作用与地位做了很大的贡献。

1.2 森林土壤呼吸监测及其影响因素

土壤呼吸是陆地生态系统碳循环的一个重要组成部分，是CO_2由陆地生态系统进入大气的最主要途径，也是大气CO_2重要的源。尽管如此，目前我国对土壤呼吸的研究还存在很大的欠缺（方精云和王娓，2007；王娓等，2007）。对土壤呼吸及其对气候变化的敏感程度认识的不足主要来自这样一个事实：土壤呼吸受许多因子的影响，包括气候、植被、植被的采食者和共生体，以及土壤微生物等之间的交互影响与反馈（Wardle et al.，2004；Högberg and Read，2006；刘洪升等，2008；DeDeyn et al.，2008）。一般认为，土壤呼吸比初级生产力具有更强的温度敏感性，因此气候变暖必将增加土壤到大气中CO_2的净排放，从而对气候变化产生一个正反馈（Heimann and Reichstein，2008）。尽管学者普遍认为温度是土壤有机质分解的一个重要因子，但是温度与土壤呼吸之间的关系及其对气候变化的反馈依然不清楚（Davidson and Janssens，2006；Trumbore，2006）。因此，研究土壤呼吸，尤其是森林土壤呼吸，监测CO_2浓度的变化，阐明其在自然界中的吸收和排放过程，对于全面探讨全球变化及其影响具有十分重要的意义。

1.2.1 土壤呼吸的定义

从生理学角度来说，呼吸是指异化有机分子，同时释放出能量、水分和CO_2的一系列代谢过程。所有活的有机体包括植物、动物和微生物等都通过呼吸释放出CO_2从而得到维持生命的能量。土壤学家认为植物根系、土壤动物和微生物等都是土壤的有机组成部分，因此说土壤可以呼吸是有道理的。实际上，土壤呼吸是指土壤释放CO_2的过程，严格意义上讲是指未扰动土壤中产生CO_2的所有代谢作用，包括土壤微生物呼吸、根系呼吸、土壤动物呼吸三个生物学过程和一个非生物学过程，即含碳矿物质的化学氧化作用（Singh and Gupta，1977）。

从技术上来说，土壤呼吸速率不可以直接测定，通常用土壤表层和大气之间的CO_2通量来量化土壤呼吸，实际上土壤表层CO_2通量不仅受实际的土壤呼吸所控制，

还受 CO_2 在土壤剖面中的传输所控制。土壤呼吸和土壤表层 CO_2 通量是两个不同的概念。在稳定状态，土壤表层 CO_2 通量和土壤的实际呼吸速率是相同的，因此这两个概念经常混用。但在非稳定状态，如在降雨或灌溉过程中，土壤会有排气现象，此时这两个数值是不同的。所以，一定要在稳定状态测定土壤呼吸速率。

1.2.2 土壤呼吸的组分及其分离方法

从土壤表面释放的 CO_2有多种来源，也就是说土壤呼吸包括多个组分。每个组分都包括不同的生物学和生态学过程，对环境变化的响应也可能不同。精确区分土壤呼吸的各种组分对于理解土壤呼吸机制及其对环境变化的响应十分关键。

土壤表层 CO_2通量即土壤呼吸包括根呼吸、根际微生物呼吸、凋落物呼吸、由根的分泌物或凋落物的输入所引起的土壤有机质分解（激发效应）和土壤有机质呼吸五个主要来源。将五个来源中的几个进行组合可以更好地概括土壤呼吸（图 1.1）。

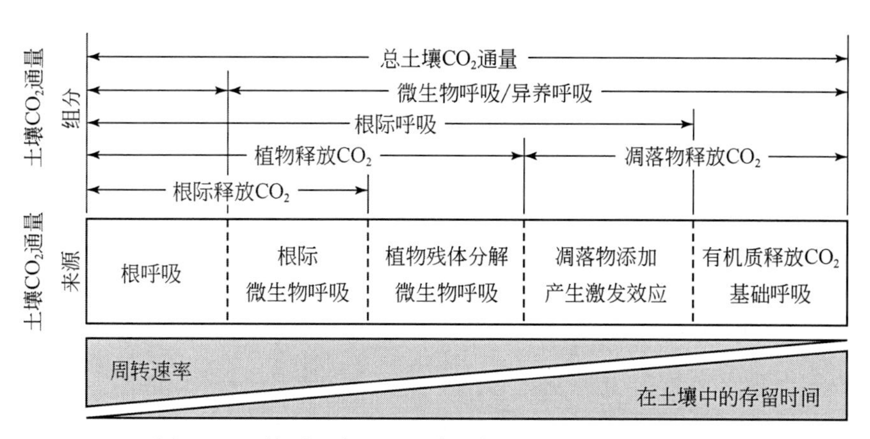

图 1.1 土壤呼吸来源及组分（据 Luo and Zhou，2006）

将土壤呼吸分为自养呼吸和异养呼吸是探索土壤呼吸机理的必要手段，但区分方法被认为是研究结论间难以对比的一个主要因素。森林生态系统中土壤呼吸组分的分离方法主要包括根去除法、物理分离法、同位素法和间接测定法（Subke et al., 2006）。

1. 根去除法

该方法并不是把根系从土壤中移出，而是通过人为处理，去掉自养呼吸。根去除法主要包括壕沟法（Rey et al.，2002）、环剥法（Högberg et al.，2001）与林窗法（Nakane et al.，1996）。壕沟法是在森林样地内挖一壕沟，深度达根系分布层以下，用塑料板或其他材料插入壕沟内，阻断地上部分及冠层下植物根系的进入。处理后的样方为断根样方，当断根样方内非正常死亡细根分解速率对呼吸测定影响很小或没有影响时，从断根样方内测定的呼吸速率为异养呼吸，通过与对照样方（没有人为干扰的样方）内测定的土壤总呼吸对比后，推算出自养呼吸。环剥法是将树木韧皮部环剥后（保留木质部），阻断冠层同化物向根系传送，但不影响水分通过木质部向冠层的传输。这样，环剥处理样方内测定的为异养呼吸，与对照样方内测定的土壤呼吸对比后，推算出自养呼吸。林窗法是选择一定面积的林窗，在林窗内根系分解完全后，其内测定的为异养呼吸，通过与林内土壤呼吸的对比，推算自养呼吸。根去除法是当前森林生态系统中区分自养呼吸和异养呼吸最常用的方法（Bond-Lamberty et al., 2004a; Epron et al., 2006; Rey et al., 2002; Subke et al., 2006），但是该方法也存在一些缺点，如处理样方内死根生物量增加或者样方内缺少根系对水分的吸收利用，导致异养呼吸及其贡献率的高估；但处理样方内缺少光合产物与凋落物的输入，也可能造成异养呼吸及其贡献率的低估。在综合影响下，根去除法究竟对异养呼吸及其贡献率是高估还是低估，目前尚无定论（Subke et al., 2006）。

2. 物理分离法

该方法是对土壤总呼吸的所有或部分组分分别进行直接测定，然后与实地测量的总呼吸对比，分离出各组分的呼吸速率，主要包括组分法（Lamade et al., 1996）、切根法（Law et al., 2001）与 PVC 管气室法（Kutsch, 2003）。组分法是将样地中取回的土柱分成地表凋落物、根系及土壤有机质等组分后分别测定其呼吸速率，或者是直接测定无根土壤呼吸，经过与实地测定的土壤总呼吸比较后，推算样地的自养呼吸。切根法是从新采集的土柱中，立刻分拣出被切断的根系，并对其呼吸速率与生物量进行测量，通过与实地测定的土壤总呼吸及根系生物量的比较，推算样地的异养呼吸与自养呼吸。但该方法的缺点是破坏性较大，根系切断后会出现创伤呼吸。PVC 管气室法是将与植物体相连的活根封闭在一个透明容器中，直接测定一定质量活根的呼吸速率，然后根据对比根呼吸与样地根系的分布情况，计算出样地的自养呼吸。物理分离法的缺陷包括将各组分从土壤集合体中完全分离出来，破坏了每个组分原有的生物、物理环境，且土壤过筛后，土壤生物区系在土壤中分布的异质性被均匀化。组分法究竟是高估还是低估了 R_h（异养呼吸）及其贡献率，研究结论尚不统一（Subke et al., 2006）。

3. 同位素法

该方法是用放射性^{14}C 或稳定^{13}C 作为示踪物，测定植物体内标记 C 的分布和特定时间内植物的地上和地下部分呼吸中标记 C 的丰度，达到土壤呼吸组分分离的目的，包括同位素标记法（Andrews et al., 1999）与放射性同位素法（Gaudinski et al., 2000; Trumbore, 2000）。同位素法是对土壤干扰最小的方法，但是同位素持续标记或放射性同位素的使用，通常被光合作用所混淆，低估了异养呼吸及其贡献率，再加上费用昂贵、技术要求较高，限制了该方法的广泛应用（Hanson et al., 2000）。

4. 间接测定法

该方法主要包括模拟法（Eliasson et al., 2005）与土壤呼吸-根系生物量回归法（Xu and Qi, 2001a; Wang et al., 2008a）。模拟法是利用土壤呼吸各组分的实测值与生物、非生物因子间的函数关系对组分进行模拟估算，或者是对植物的地上与地下部分进行观测，推算出净初级生产量（net primary production，NPP）、净生态系统生产力（net ecosystem productivity，NEP）及其他相关变量来模拟推算自养呼吸与异养呼吸。土壤呼吸-根系生物量回归法是利用土壤呼吸与根系生物量之间的回归模型，推算出在根系生物量为0时的呼吸速率，即异养呼吸。土壤呼吸-根系生物量回归法假定土壤呼吸的所有空间变异都是根系活动造成的，但这显然不可能，因此该方法对自养呼吸的估算偏高，误差很大。

1.2.3 土壤呼吸的测定方法

森林生态系统土壤呼吸的测定方法主要包括动态箱法、静态箱法、剖面法和微气象法等。

1. 动态箱法

该方法包括封闭式动态箱法与开放式动态箱法。封闭式动态箱法是在测定过程中，将一个密闭的气室覆盖在一定面积的地表，同时容许空气在气室与CO_2传感器之间的回路中循环。由于气室封闭，随着从土壤中不断向外释放CO_2，气室内CO_2浓度不断上升，CO_2浓度增加的速率与土壤CO_2通量成正比。通常随着以红外气体分析仪测定气室内CO_2浓度的时间的增加来确定土壤呼吸速率。该方法的优点是测量时间短，采样地点灵活，但是气室内CO_2浓度的增加会改变扩散梯度，可能给结果带来不确定性。开放式动态箱法是将气室两侧开口，用不含CO_2或已知浓度的CO_2气体，以一定的速率通过气室，用红外气体分析仪测定CO_2浓度，根据进出口CO_2浓度的差等参数计算土壤呼吸速率。该方法有效地解决了气室内外气压差等因子对土壤呼吸测定带来的影响，并可进行连续的动态测定，测定结果较为真实可靠，被认为是目前最为理想的观测方法之一，缺点是不能同时进行多点测定（Yim et al., 2002）。

2. 静态箱法

该方法包括静态箱碱液吸收法与静态箱-气相色谱或红外分析法。静态箱碱液吸收法的测定原理是将封闭箱插入土壤，使箱体内外没有任何空气交换，利用箱内敞口玻璃瓶中的碱液吸收土壤排放的 CO_2，最后用稀酸分别滴定吸收前后的碱液，根据所消耗稀酸的差异，计算土壤呼吸速率。该方法的优点是经济、操作简单，在野外可进行重复测定。同时，也有很多缺陷，受多种因素的影响，如碱液的浓度与用量、碱液的吸收面积等。此外，气室经过 24h 的遮蔽后，其内的温度与水分条件也可能改变，从而影响土壤呼吸（King and Harrison, 2002）。静态箱-气相色谱或红外分析法是用静态密闭箱收集地表排放的 CO_2，用气相色谱仪或红外分析仪测定 CO_2浓度，通过计算 CO_2浓度随时间的变化来确定土壤呼吸速率。该方法是目前广泛使用的可靠的观测方法之一，缺点是改变了被测地表的物理状态，人为干扰对测量结果有较大影响（Yim et al., 2002）。

3. 剖面法

通常是依据土壤不同深度的 CO_2浓度梯度和气体扩散来计算土壤呼吸速率（Tang et al., 2003；Kim Y et al., 2007）。该方法的最大不确定性来自扩散率的估算。大多数使用剖面法来测量土壤呼吸的模型都简单地假设扩散率随空隙的减少而成比例降低。事实上扩散率影响因子众多，很难精确模拟。

4. 微气象法

该方法是利用微气象学原理，通过涡度相关技术测定森林生态系统与大气间 CO_2的净通量，经地上部分植物光合与呼吸数据校正后，推算土壤呼吸。该方法的优点是在不对土壤系统进行任何干扰与破坏的前提下，有效获取较大时空范围内的土壤呼吸数据。全球已有许多森林站点应用了该技术，但所选观测点的地形与植被经常难以满足该技术平坦均一的基本假设条件，从而使通量测定存在很大的不确定性（Baldocchi, 2003；张军辉等, 2004）。

1.2.4　土壤呼吸及其温度敏感性的影响因子

人们对土壤呼吸及其主要影响因素进行了大量研究，作为复杂的生物学过程，土壤呼吸受多种因素的作用，这使得土壤呼吸一方面具有某种规律性，另一方面又表现出不规则的变化（于贵瑞, 2003）。土壤生物包括植物的根系、土壤中的微生物和动物。呼吸底物则主要来自植物的光合作用和土壤中的有机质。土壤生物决定了对糖类的需求，而底物则决定了糖类的供应能力。环境因素，如温度、水分等，不仅影响土壤生物，而且影响底物的供应，从而对土壤呼吸产生影响。

通常情况下，土壤呼吸的温度敏感性用 Q_{10} 来表示，即温度升高 10℃，土壤呼吸变化的倍数。它是反映土壤呼吸温度敏感性及预测土壤呼吸排放量的重要参数。土壤呼吸对全球变暖的响应主要取决于土壤有机质分解的温度敏感性，土壤呼吸 Q_{10} 的变化是预测未来全球变化条件下土壤碳通量不确定性的主要来源之一（Baath and Wallander, 2003; Jones et al., 2003）。不仅土壤呼吸受诸多因素影响，Q_{10} 也同样受许多因子影响。

1. 土壤生物对土壤呼吸及 Q_{10} 的影响

根呼吸是土壤呼吸的重要组成部分，根呼吸通常会占到土壤总呼吸的 50%，但是不同的研究中这个比例从 10% 到 90% 不等（Hanson et al., 2000）。根呼吸的主体是根系，因此根生物量的大小显著影响土壤呼吸的大小。一般而言，细根生物量越大，土壤呼吸越大（Vargas and Allen, 2008）。例如，有学者研究发现，在俄罗斯沿着空旷地到西伯利亚赤松林这一梯度上，所测得的土壤呼吸与细根密度有很好的相关性（Shibistova et al., 2002）。在北卡罗来纳州的火炬松林，无论有无灌溉和施肥的情况下，都发现土壤呼吸和细根量显著相关（Maier and Kress, 2000）。也有研究表明粗根量与土壤呼吸相关，如在中国东北次生胡桃林和混交林中发现根呼吸和粗根生物量紧密相关，而与细根生物量关系不显著（Zhu et al., 2009）。植物根系除本身呼吸为植物的生长和维持提供能量外，还会改变根际周围的土壤特性，如养分浓度、pH、氧化还原电位等，从而影响土壤呼吸。一个重要的现象就是根系分泌物会刺激根系周围的微生物活性，从而对微生物产生促进或者抑制作用，即激发效应（Cheng, 2009）。土壤呼吸另一个主体就是土壤微生物，地上凋落物和土壤有机质的分解必须依靠土壤微生物的参与。许多研究表明土壤呼吸与细菌、真菌等微生物量呈正相关（Xu and Qi, 2001a; Scott-Denton et al., 2003; Zhu et al., 2009）。此外微生物群落的不同或者改变也会影响土壤呼吸，有研究表明相对细菌而言，真菌具有更高的基质使用效率（Lützow and Kögel-Knabner, 2009）。尽管如此，Kemmitt 等（2008）认为土壤呼吸并不受微生物量和群落结构的影响，从而提出了“Regulatory Gate”假设。

土壤生物不仅影响土壤呼吸，还影响土壤呼吸的 Q_{10}。以前的研究结果表明，不同的微生物群落有着其特定的温度适应范围，如高温时革兰氏阴性菌和真菌数量会降低，而革兰氏阳性菌数量则会增加（Biasi et al., 2005），因此全球变暖造成的土壤微生物群落结构的改变可能会影响土壤呼吸 Q_{10} 的变化。最近 Yuste 等（2011）的研究表明抗旱真菌不仅控制土壤有机质的分解，还影响其对温度的响应。不同植物的根系对温度的响应也有所不同，有研究表明一些根系会对温度产生适应，而另一些则对温度变化极其敏感（Loveys et al., 2003），这必然会造成土壤呼吸 Q_{10}的差异。此外土壤生物数量的变化也会影响土壤呼吸的 Q_{10}。一般而言，土壤生物数量增加与温度变化一致时会增加 Q_{10}。例如，Hanson 等（2003）对橡树林的研究发现，土壤微生物和植物根系维持呼吸的 Q_{10}为2.5，并认为植物根系的生长会影响整个土壤呼吸的 Q_{10}。Boone 等（1998）的研究发现根呼吸的 Q_{10}是4.6，而土壤微生物呼吸的 Q_{10}仅为2.5，他们认为根呼吸如此大的 Q_{10}是根生物量的季节性变化和现存根量对温度变化共同响应的结果。当温度变化和土壤生物数量变化不一致时，Q_{10}会降低。有研究表明高温引起的干旱抑制了根系的生长，造成根生物量的急剧减少，此时土壤呼吸受到影响，Q_{10}明显下降（Nikolova et al., 2009）。

2. 底物供应对土壤呼吸及 Q_{10}的影响

从分子水平来看，呼吸作用通过氧化糖类来产生能量，同时释放出 CO_2。葡萄糖（或其他糖类）氧化生成 CO_2的总化学反应可表示为

$$C_6H_{12}O_6+6O_2 \longrightarrow 6CO_2+6H_2O$$

1）光合作用对土壤呼吸的影响

植被光合作用产生的糖类和其他有机物质会源源不断地给根系提供底物，也会通过根分泌物（Yuste et al., 2007）、凋落物等形式为微生物提供底物。因此土壤呼吸与地上植被光合作用有着密切联系（Moyano et al., 2008; Sampson et al., 2007）。Högberg 等（2001）的研究证明了来自冠层的光合作用对土壤呼吸有着很强的控制作用。他们在一个欧洲赤松林中，对树木进行环剥后发现，土壤呼吸下降了50%。其他环剥实验也证实了环剥后土壤呼吸显著下降（Högberg et al., 2009; Schaefer et al., 2009）。但也有研究表明环剥没有降低土壤呼吸或者轻微降低了土壤呼吸（Binkley et al., 2006; Scott-Denton et al., 2006）。此外，有研究表明根呼吸速率极大地依赖 7～12h 前（Tang et al., 2005）、5～10d 前（Bowling et al., 2002）刚产生的光合产物。有研究表明增加 CO_2 浓度会显著增加植被的光合作用，从而增加地下活性碳的分配，进而影响土壤呼吸（Lagomarsino et al., 2009）。事实上，地上光合作用和土壤呼吸定量化关系的建立还很难。有些学者用叶面积指数（leaf area index，LAI）和生态系统生产力来替代地上光合供应来研究与土壤呼吸的关系。例如，Reichstein 等（2003）使用 LAI 来指示地上植被生产力，结果发现在土壤温度为 18℃，且没有水分限制的条件下，土壤呼吸与 LAI 显著相关。Frank（2002）发现日平均土壤 CO_2通量与 LAI 和生物量的年变化趋势

一致，而且有很好的正相关。LAI的季节性变化会导致土壤CO_2通量模式的变化，Sims和Bradford（2001）选取20d的日平均土壤CO_2通量值和同时测量的LAI进行线性回归后发现有显著的相关性。

2）凋落物对土壤呼吸的影响

植物凋落物的分解是土壤呼吸的重要组分（Sulzman et al.，2005）。因此凋落物的数量会影响土壤呼吸，它本身也是土壤呼吸的重要调节者（DeForest et al.，2009）。例如，Boone等（1998）在哈佛森林中进行的控制凋落物的实验表明，移走地上凋落物使土壤呼吸降低了25%，而凋落物的数量加倍使土壤呼吸增加了近20%。Yan等（2009）的研究也表明移除地表凋落物使年土壤呼吸降低了27%～45%。在其他森林生态系统中也发现土壤表面的凋落物数量和土壤呼吸呈正相关。例如，Zhu等（2009）对中国东北蒙古栎、胡桃混交林的研究发现，随着凋落物量的增加，平均土壤呼吸明显增加。中国西南哀牢山森林多种处理（环剥、断根和移除凋落物）对土壤呼吸的影响研究表明，移除凋落物显著降低了土壤呼吸，而在对照样方内土壤呼吸和呼吸测定前60d的凋落物总的凋落量显著相关（Schaefer et al.，2009）。不仅凋落物本身与土壤呼吸紧密相关，凋落物还会与土壤有机质作用产生激发效应（Sayer et al.，2007；Dilly and Zyakun，2008；Crow et al.，2009），激发效应有正有负，使凋落物与土壤呼吸的关系更加复杂。

3）土壤有机质对土壤呼吸的影响

简单的糖类很容易被微生物转变为CO_2，滞留时间很短。而腐殖质很难分解，需要几百甚至几千年才能转变为CO_2。土壤有机质中碳底物调控着土壤呼吸。有学者从北美洲四个气候区中采集土壤样品进行培养实验，发现土壤基础呼吸与土壤有机碳含量呈线性相关，而且该学者认为具有生物活性的土壤碳所占比例决定了四个气候区内的回归系数存在的明显差异（Franzluebbers et al.，2001）。Wang和Yang（2007）对中国东北六个森林土壤呼吸研究表明异养呼吸与土壤表层中有机碳的含量呈一定相关。

4）底物供应对Q_{10}的影响

底物的供应能力会随温度的改变而变化，因此底物供应会影响土壤呼吸的Q_{10}。底物供应不足时，土壤呼吸会受到明显抑制。根据米氏方程（Michaelis-Menten equation）$R=V_{max}\times C/(K_m+C)$，当底物供应不足，即底物的浓度（$C$）和米氏常数（$K_m$）相当时，酶最大反应速率（$V_{max}$）和$K_m$的温度敏感性相互抵消，从而降低了整个反应的$Q_{10}$；而当$C$不受限制，即$C$远大于$K_m$时，$K_m$所起作用微乎其微，此时反应的$Q_{10}$主要取决于$V_{max}$（Davidson et al.，2006；Gershenson et al.，2009）。Yuste等（2004）研究发现落叶硬木林的地下碳分配（即底物供应）的季节变化率高于临近的常绿林，从而造成了前者的季节 Q_{10}明显大于后者。Gershenson 等（2009）最近的研究表明提高底物的供应能力，土壤呼吸的 Q_{10}明显增加，同时他们还发现提高底物的供应能力后，Q_{10}的增加幅度和土壤固有的底物供应能力成反比，表明土壤固有的底物供应能力越强，其表观 Q_{10}越接近其固有 Q_{10}。Karhu 等（2010）的研究也发现了这一现象。此外，Gu 等（2004）使用多库土壤碳模型研究发现当温度与底物供应变化一致时，土壤呼吸固有 Q_{10}被高估，当温度与底物供应变化不一致时，土壤呼吸固有 Q_{10}则被低估。

不仅底物的供应，底物的质量也会影响 Q_{10}。理论上讲，分子结构越复杂，即质量越低的物质的活化能越高，Q_{10}也越高（Bosatta and Agren，1999；Davidson and Janssens，2006）。但无论是室内培养、同位素、野外增温还是模型模拟得到的结论或者与之一致（Fierer et al.，2005；Leifeld and Fuhrer，2005；Hartley and Ineson，2008），或者与之不同（Conen et al.，2006；Fang et al.，2005；Giardina and Ryan，2000；Luo et al.，2001；Melillo et al.，2002；Rey and Jarvis，2006），总之关于底物质量对 Q_{10}的影响目前仍无定论。其可能的原因包括方法不同带来的偏差（Leifeld and Fuhrer，2005）、对相同结果不同的解释（Fang et al.，2005；Leifeld and Fuhrer，2005）、所采用模型假设不同（Fang et al.，2006；Knorr et al.，2005）以及底物供应的影响（Gershenson et al.，2009）。

3. 土壤生物、底物和环境等因子的交互作用

土壤呼吸的影响因子并不是独立的，而是对土壤呼吸共同产生作用。这些交互作用十分复杂。例如，温度升高不仅会直接提高酶活性，增加土壤呼吸，但也可能增加根系的生物量、微生物的生物量等，从而增加土壤呼吸，当然也可能通过影响土壤水分含量影响土壤呼吸，如高温可能造成极端干旱而降低土壤呼吸。土壤水分也不是单独作用于土壤呼吸，如干旱可以通过限制根系或微生物的生长，甚至促使其死亡而影响土壤呼吸，也可以通过影响底物的供应传输等影响土壤呼吸。许多研究者在单因子或者双因子对土壤呼吸的影响方面已经做了大量的研究，但是对多因子如何共同控制土壤呼吸，因子之间如何交互影响的研究还比较少。

1.3 森林生态系统呼吸的监测及其影响因素

1.3.1 生态系统呼吸的构成

生态系统的碳循环过程中，植被的 GPP 与生态系统呼吸速率（R_e）决定着生态系

统净交换（net ecosystem exchange，NEE）。植被呼吸包括叶呼吸速率（R_l）、树干呼吸速率（R_w）和根呼吸速率（R_r）。叶呼吸和树干呼吸被统称为地上植被呼吸速率（R_a），根呼吸被称为地下植被呼吸速率（R_b）。土壤呼吸速率（R_s）包括根呼吸、凋落物分解速率（R_{litter}）和土壤有机质分解速率（R_{SOM}）。凋落物呼吸和土壤有机质分解共同构成了微生物呼吸速率（R_m），如图1.2所示。

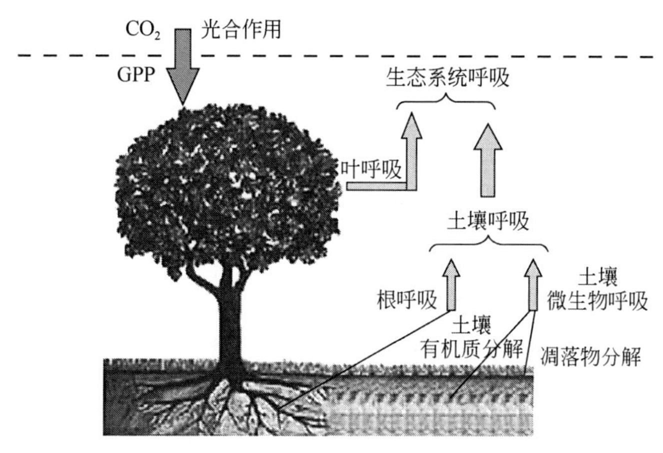

图1.2 生态系统碳循环

1.3.2 生态系统呼吸的测定方法

生态系统呼吸的测定和估算方法主要包括涡度相关和箱式法两种，这两种方法各有利弊，相互补充。涡度相关可以直接测定生态系统尺度上的碳净交换量。由于晚上没有植物的光合作用，涡度相关技术测定的即生态系统呼吸，但是夜间空气混合程度较差，可能导致测定结果存在偏差（Ruimy et al.，1995；Goulden et al.，1996a；Baldocchi，2003）。白天生态系统的呼吸通常依据夜间呼吸数据与温度的关系反推得出，呼吸与温度之间可能存在适应性，直接把夜间数据反推到白天依然有很大的不确定性。箱式法是另外一个估算生态系统呼吸的一个可行的方法。采用箱式法分别测定叶呼吸、树干呼吸和土壤呼吸等，然后将样点数据上推到生态系统尺度。该方法可以与涡度相关技术所得数据相互印证，而且可以推算生态系统呼吸各组分的贡献率。Law等（1999b）比较了两种方法，发现当摩擦风速小于0.25m·s^{-1}时，两种方法测定的生态系统呼吸没有明显差别，但是当摩擦风速大于0.25m·s^{-1}时，涡度相关技术测定的生态系统呼吸仅仅是箱式法的50%。Wang等（2010）

估算我国东北混交林发现，箱式法估算的生态系统呼吸为 1240 gC · m^{-2} · s^{-1}，而采用涡度相关技术得出的数据则较低，为 1030 gC · m^{-2} · s^{-1}。

1.3.3 生态系统呼吸的影响因子

在一定的温度范围内，生态系统呼吸随着温度呈指数增长趋势（Xu et al., 2001; Wen et al., 2006）。空气温度（Valentini et al., 1996; Yu et al., 2005）、树干温度（Aubinet et al., 2001）、土壤温度（Black et al., 1996; Goulden et al., 1996a; Xu et al., 2001; Yu et al., 2005）以及土壤温度和气温的加权平均（Baldocchi et al., 1997）都被用来拟合生态系统呼吸。例如，Yu 等（2005）发现生态系统呼吸与气温和土壤温度的相关性都很高，长白山混交林中土壤呼吸贡献了生态系统呼吸的大部分，因此土壤温度和生态系统呼吸的相关性更好；而在千烟洲生态系统呼吸的主要贡献者是植被呼吸，因此气温可以更好地解释生态系统呼吸的季节变化。水分是影响生态系统呼吸的另一个重要环境因子，它不仅影响生态系统呼吸还影响生态系统呼吸对温度的响应（Wen et al., 2006）。其他因素，如森林类型、结构、林龄等也影响着生态系统呼吸。Tang 等（2008）发现从幼林到成熟林生态系统呼吸增加，而从成熟林到老林生态系统呼吸又开始下降。

第2章　土壤呼吸温度敏感性的影响因素和不确定性因素

土壤是陆地生态系统最大的碳库，土壤呼吸是将土壤中的有机碳以 CO_2形式归还到大气的主要途径。由于土壤呼吸与温度之间的非线性关系，土壤碳库的任何细微变化都会对大气 CO_2含量产生显著影响，因此土壤呼吸研究受到广泛关注（Raich and Schlesinger，1992；Chen et al.，2004；Fang and Wang，2007；Han and Zhou，2009）。尽管土壤呼吸对陆地生态系统碳循环的重要性已经得到了广泛认可（Cox et al.，2000；Knorr et al.，2005；Wang et al.，2007），但仍有一些关键问题没有得到很好的解决，其中最具代表性的就是土壤呼吸的温度敏感性问题（Reichstein et al.，2005；Davidson et al.，2006；Davidson and Janssens，2006；Liu et al.，2008；Lützow and Kögel-Knabner，2009）。土壤呼吸的温度敏感性在很大程度上决定着全球气候变化与碳循环之间的反馈关系。因此，对土壤呼吸温度敏感性的深刻理解不仅可以揭示地下生态过程对气候变化的响应和适应，还有助于改进全球碳循环模型。但是由于地下生态过程自身的复杂性，到目前为止有关土壤呼吸温度敏感性的研究仍存在极大的不确定性。

通常情况下，土壤呼吸的温度敏感性用 Q_{10}来表示，即温度每增加10℃土壤呼吸所增加的倍数。在早期的研究中人们认为温度敏感性是一个常数（$Q_{10}=2$），但现在发现这一结论是错误的（Lloyd and Taylor，1994；Atkin and Tjoelker，2003）。温度敏感性不仅在时间和空间上存在着巨大的差异，而且随着地理位置和生态系统类型的改变而变化。文献中报道的土壤呼吸的温度敏感性有着很大的变率，从不敏感（$Q_{10}\leqslant 1$）到极度敏感（$Q_{10}>20$）（Xu and Qi，2001a；Janssens and Pilegaard，2003；Pavelka et al.，2007），这与基于酶动力学生物反应的典型温度敏感性（大约为2）形成了鲜明对比。Davidson and Janssens（2006）综述了土壤呼吸的温度敏感性及其与气候变化的反馈，指出土壤呼吸温度敏感性包括表观温度敏感性（各种因素对土壤呼吸温度响应的综合反映）和固有温度敏感性（由底物分子结构决定的温度敏感性），但遗憾的是目前大多数生态系统和陆地-大气耦合模型仍把温度敏感性当做一个常数，这必然会造成大气中 CO_2浓度的高估或低估。为此，本章将在综述国内外关于土壤呼吸温度敏感性最新研究进展的基础上，明确影响土壤呼吸温度敏感性的主要因素和内在机理，揭示土壤呼吸温度敏感性研究中的不确定性来源，展望未来研究方向和研究热点，为揭示地下生态过程对气候变化的响应和适应提供参考。

2.1 土壤呼吸温度敏感性的影响因素

土壤呼吸包括自养呼吸（根呼吸）和异养呼吸（土壤微生物呼吸）。实际上土壤呼吸产生的CO_2是土壤生物（包括植物根系、土壤微生物等）为满足自身生长繁殖以及正常代谢所需能量而产生的副产品，而这些能量的产生则主要来自土壤生物对呼吸底物（包括来自叶片的光合产物、凋落物和土壤有机质等）的分解。通常，植物根系、土壤微生物的种类和数量决定了对能量的需求，而底物的类型和多少则决定了能量的供应能力。各种环境因子（如温度、水分）不仅影响土壤生物的群落结构和生物量而且还控制底物的供应状况（Davidson et al., 2006），对土壤呼吸过程及其温度敏感性产生极其重要的影响。

2.1.1 土壤生物

土壤生物主要包括土壤微生物、植物根系以及土壤动物等，它们的生理特征、种群结构、群落组成及生物多样性等的变化都可能改变土壤呼吸对温度的响应。以前的研究结果表明，不同的微生物群落有着其特定的温度适应范围，如高温时革兰氏阴性菌和真菌数量会降低而革兰氏阳性菌数量则会增加（Biasi et al., 2005），因此全球变暖造成的土壤微生物群落结构的改变可能会影响土壤呼吸温度敏感性的变化。不同植物的根系对温度的响应也有所不同，有研究表明一些根系会对温度产生适应，而另一些则对温度变化极其敏感（Loveys et al., 2003），这必然会造成土壤呼吸温度敏感性的差异。此外土壤生物数量的变化也会影响土壤呼吸的温度敏感性。一般而言，土壤生物数量增加与温度变化一致时会增加Q_{10}。例如，Hanson 等（2003）对橡树林的研究发现，土壤微生物和植物根系维持呼吸的Q_{10}为 2.5，并认为植物根系的生长会影响整个土壤呼吸的温度敏感性。Boone 等（1998）的研究发现根呼吸的Q_{10}是 4.6，而土壤微生物呼吸的Q_{10}仅为 2.5，他们认为根呼吸具有如此大的Q_{10}是根生物量的季节性变化和现存根量对温度变化共同响应的结果。当温度变化和土壤生物数量变化不一致时，Q_{10}会降低。有研究表明高温引起的干旱抑制了根系的生长，造成根生物量的急剧减少，此时土壤呼吸受到影响，Q_{10}降低（Nikolova et al., 2009）。

2.1.2　底物

土壤呼吸过程中产生的 CO_2 主要来自呼吸底物的分解，因此底物质量（substrate quality）和底物供应（substrate availability）会显著影响土壤呼吸及其温度敏感性。目前，关于底物质量对温度敏感性的影响还没形成统一的结论，而底物供应对温度敏感性的影响也刚开始受关注。

1. *底物质量*

依据热力学原理，分子结构越复杂的底物，即越难以分解的有机物，具有的活化能就越高，对温度的敏感性也越大（Bosatta and Agren，1999；Davidson and Janssens，2006）。但是目前研究得到的结论或者与之一致（Leifeld and Fuhrer，2005；Fierer et al.，2005；Hartley and Ineson，2008），或者与之不同（Göran，2000；Luo et al.，2001；Melillo et al.，2002；Fang et al.，2005；Conen et al.，2006；Rey and Jarvis，2006；Giardina and Ryan，2000），总之关于底物质量对 Q_{10} 的影响目前仍无定论。研究底物质量对土壤呼吸温度敏感性的影响的主要难点是如何准确区分底物质量，因为底物质量和底物供应可能共同作用，从而造成结论的偏差（Karhu et al.，2010）。

许多研究通过比较实验初期和后期（室内培养实验和野外增温实验）的温度敏感性的差异来说明底物质量对它的影响，其基本假设是培养初期底物质量较高，而培养后期底物质量较低。例如，Melillo 等（2002）对北美硬木林的增温实验发现，在 10 年增温中的后 4 年，增温对土壤呼吸的刺激效应急剧下降，从而得出了易分解碳库的温度敏感性较高，而难分解的碳库对温度不敏感的结论。Fang 等（2005）在不同温度下进行 108 d 的室内培养，发现培养初期和培养后期土壤呼吸的温度敏感性差异不大，从而得出了易分解碳库和难分解碳库有着相似温度敏感性的结论。事实上，对于室内的短期培养和野外增温实验，土壤质量可能并没有发生实质的改变而影响温度敏感性，其中底物供应起着一定的混淆作用。

一些研究采用基础呼吸，即在一定温度下的土壤呼吸，来表征底物质量。例如，Fierer 等（2005）在室内控制条件下采用外加有机质的方法发现，培育期内随着基础呼吸速率的逐步下降，凋落物分解的 Q_{10} 越来越高。Mikan 等（2002）对阿拉斯加解冻土壤的研究也表明，两者之间呈明显的负相关。尽管如此，但基础呼吸速率是否可以作为底物质量的指标并无定论，因为基础呼吸是土壤各种特性的综合反映，不仅包括土壤有机质，还包括土壤养分状况以及与之紧密相关的微生物群落和微生物活性等

(Hanson et al., 2003), 而且基础呼吸本身和 Q_{10}并不独立 (Davidson et al., 2006), 因此他们所采用的方法受到诸多质疑 (Liu et al., 2008)。

也有学者培养不同层次的土壤来研究温度敏感性，其基本假设是形成时间较晚的表层土壤比形成时间较早的深层土壤的底物质量要高。例如，Fierer 等 (2003) 对表层土壤和次表层土壤的室内培养实验发现，次表层土壤呼吸的温度敏感性 ($Q_{10}=3.9$) 显著大于表层的温度敏感性 ($Q_{10}=3.0$)，其可能原因是次表层土壤的质量低于表层土壤的质量。Karhu 等 (2010) 也同样证实了随着土壤深度的增加，底物质量下降而土壤呼吸的 Q_{10}增加。但是 Fang 等 (2005) 培养不同层次的森林矿质土壤，却未发现土壤呼吸的 Q_{10}存在显著差异。研究结果的不一致可能是以下原因造成的：①不同层次土壤质量的差异不同；②深层次土壤更易受底物供应的限制，从而混淆了底物质量对温度敏感性的影响。

另有学者采用物理或化学方法分离不同质量的有机质。例如，Leifeld 和 Fuhrer (2005) 用物理 (63μm 筛子) 和化学 (用盐酸酸解) 的方法将土样区分为大于 63μm、等于 63μm和小于 63μm 且不溶于酸三部分，发现最难分解的有机质 (小于 63 μm 且不溶于酸) Q_{10}最高，而且和 CO_2的产生呈负相关。虽然用物理和化学手段区分有机质质量得到的结论与基于热动力学原理得到的结论一致，但是该方法对土壤的破坏比较大，并不能很好地代表实际土壤呼吸的温度敏感性。

碳同位素提供了一个非破坏性方法，但是采用该方法得到的结论也不尽相同。Vanhala 等 (2007) 从农田 (5 年前谷子被玉米取代) 采集土壤样品，培养后发现土壤呼吸的 Q_{10}为 3.4～3.6，其中来自于玉米的易分解碳的 Q_{10}为 2.4～2.9，而来自于谷子的难分解碳的 Q_{10}为 3.6。同样，热带森林转变为菠萝园以后，Waldrop 和 Firestone (2004) 研究发现高温时土壤呼吸中包括更多的难分解碳。此外，Bol 等 (2003) 和 Biasi 等 (2005) 的研究也得到了类似的结论，这些研究都表明气候变暖会加速土壤中难分解碳的分解。但是 Conen 等 (2006) 与之类似的实验并没有发现易分解碳和难分解碳的温度敏感性的差别。

采用模型模拟的方法得出的结果也不相同。例如，Liski 等 (1999) 采用土壤有机碳周转和净初级生产力结合起来的模型研究发现，相比易分解的凋落物而言，土壤有机质的 Q_{10}更低。而 Knorr 等 (2005) 用三库模型拟合室内培养实验数据，假定不同碳库有着相同的基础呼吸和不同的活化能，模拟结果发现难分解碳比易分解碳具有更高的 Q_{10}。但是他们的结论也被质疑，Fang 等 (2006) 认为其不同碳库有着相同基础呼吸的假设是不成立的，假设基础呼吸随着不同碳库变化，则会发现难分解碳和易分解碳有着接近的 Q_{10}。模型模拟得出的结论存在如此大的差异的潜在原因是模型的基本假设不同，因此必须采用更为合理、可信的假设。

2. 底物供应

底物的供应能力会随温度的改变而变化，因此底物供应会影响土壤呼吸的温度敏感性。底物供应不足时，土壤呼吸会受到明显抑制。根据 Michaelis- Menten 方程 $R=V_{max}\times C/(K_m+C)$，当底物供应不足，即 C 和 K_m 相当时，V_{max} 和 K_m 的温度敏感性相互抵消，从而降低了整个反应的温度敏感性；而当 C 不受限制，即 C 远大于 K_m 时，K_m 所起作用微乎其微，此时反应的温度敏感性主要取决 V_{max}（Davidson et al., 2006; Gershenson et al., 2009）。野外实验、室内培养实验以及模型模拟都证实了底物供应对土壤呼吸温度敏感性的影响。

自然状态下，底物的供应能力常伴随着温度的改变而变化，因此会影响土壤呼吸的温度敏感性。例如，Yuste 等（2004）发现落叶硬木林的季节 Q_{10} 大于临近的常绿林，并认为主要原因是前者地下碳分配（底物供应）的季节变化率高于后者。当 Q_{10} 依据两个月的间隔来计算时，硬木林和针叶林有着几乎一致的 Q_{10}，但是当全年数据联合起来分析时，硬木林则表现出更大的 Q_{10}，表明在相同的温度变化范围内，底物供应的季节变化越大，土壤呼吸的季节温度敏感性就越大。

室内实验也证实了底物供应与土壤呼吸温度敏感性紧密相关。例如，Gershenson 等（2009）最近的研究表明提高底物的供应能力，土壤呼吸的 Q_{10} 明显增加，这和 Michaelis- Menten 方程的机理解释是一致的。此外他们还发现提高底物的供应能力后，Q_{10} 的增加幅度和土壤固有的底物供应能力成反比，表明土壤固有的底物供应能力越强，其表观温度敏感性越接近固有温度敏感性。Karhu 等（2010）的研究也发现了这一现象，在其 495d 的培养实验中发现，与前期土壤呼吸的 Q_{10} 相比，培养后期的 Q_{10} 显著下降，而且下降的幅度与土壤固有的底物供应能力成反比。

不仅野外实验和室内培养证实了这一现象，模型模拟也发现底物供应会混淆土壤呼吸的温度敏感性。Gu 等（2004）使用多库土壤碳模型，研究发现当底物供应与温度变化一致时，土壤呼吸的温度敏感性会增大。事实上该温度敏感性不仅反映了固有温度敏感性，还反映了底物供应的变化。因此，不区分底物供应对土壤呼吸温度敏感性的影响，就会对土壤呼吸固有温度敏感性的估计造成偏差。当温度与底物供应变化一致时，土壤呼吸温度敏感性被高估；当温度与底物供应变化不一致时，土壤呼吸温度敏感性则被低估。

2.1.3 环境因子

温度和水分是影响土壤呼吸及其温度敏感性的最主要的环境因子，两者都可以通过直接和间接作用影响土壤呼吸的温度敏感性。

1. 温度

温度会显著影响酶的活性。低温时，酶的活性受到限制，随着温度的增加活性增强，当超过最适温度后，酶活性急剧下降，甚至降解。由于根呼吸和土壤微生物呼吸都需要酶的参与，因此温度会影响土壤呼吸及其温度敏感性。许多实验表明土壤呼吸的 Q_{10} 随温度的增加而下降，这可以用 Arrhenius 方程来解释。Arrhenius 方程表明反应进行需要一个“推力”，即活化能。随着温度的增加，越来越多的分子达到或超过了自身的活化能，反应会加快，但是达到活化能的分子增加的速率会随着温度的增加而相对减少（Davidson and Janssens, 2006），表现在实验中就是 Q_{10} 随着温度的升高而降低。此外温度也可以直接影响植物根系的生长和微生物的增殖，这进一步加大了温度对土壤呼吸 Q_{10} 影响的复杂性。温度不仅可以直接影响酶的活性和土壤生物，而且可以通过间接的途径（底物供应）对土壤呼吸温度敏感性产生影响。温度通过底物供应影响温度敏感性可用 Michaelis-Menten 方程来解释，由于 K_m 与温度有关，所以温度升高时，K_m 变大，其起的相对作用变大，此时整个反应的 Q_{10} 就变小；反之，温度降低时，整个反应的 Q_{10} 则变大（Gershenson et al., 2009）。此外，温度也可以通过影响水分而作用于底物供应，从而对 Q_{10} 产生影响，同样可以用 Michaelis-Menten 方程来解释。野外实验、室内培养以及整合分析等都发现了温度对土壤呼吸的 Q_{10} 的影响。

一些野外实验发现冬季 Q_{10} 高，而夏季 Q_{10} 低（Xu and Qi, 2001b; Janssens and Pilegaard, 2003; Wang et al., 2008a）。例如，Xu 和 Qi（2001b）使用箱式法测定土壤呼吸，研究发现土壤呼吸的温度敏感性在 1.05 ~ 2.29，表现为夏季低冬季高，即与土壤温度呈显著负相关。对不同土地利用类型下土壤呼吸的研究也发现这一现象，月际 Q_{10} 呈现明显的季节变化，森林 Q_{10} 为 1.25 ~ 3.23，草地 Q_{10} 为 1.35 ~ 3.48，农田 Q_{10} 为 1.21 ~ 3.68，均表现为夏季低而冬季高（Wang et al., 2008b）。野外实验发现的 Q_{10} 随温度升高而降低是温度通过直接和间接途径共同作用的结果，尤其是通过影响底物供应的间接途径。

许多室内实验发现在土壤水分不受限制的情况下，土壤呼吸的温度敏感性随着温度的增加而下降，这主要是温度的直接作用造成的。例如，Leifeld 和 Fuhrer（2005）对采集自农田和草地的土壤样品在不同温度下连续培养发现，在 25 ~ 35℃时，Q_{10} 为 2.8，而在 15 ~ 25℃时，Q_{10} 为 5.2。有学者沿欧洲大陆气候带取 7 个欧洲赤松林下土壤腐殖质样品，在同一水分不同温度条件下进行 14 周室内培养，发现在 10 ~ 15℃，土壤呼吸的 Q_{10} 超过 5，但在 25℃附近，Q_{10} 约为 1（Niklińska et al., 1999）。Karhu 等

（2010），Xiang 和 Freeman（2009）的室内培养实验也证实了高温时温度敏感性下降。尽管如此，也有研究发现土壤呼吸的温度敏感性随着温度的增加而增加，如 Klimek 等（2009）在室内培养发现温度与土壤呼吸的温度敏感性成正比。

已发表的整合分析数据也发现土壤呼吸的温度敏感性随着温度的升高而降低。例如，Kirschbaum（1995）通过整合室内培养实验得出，在低温条件下，土壤异养呼吸的 Q_{10} 比高温条件下土壤异养呼吸的 Q_{10} 高，并提出一个 Q_{10} 与温度的经验方程：$Q_{10}=\exp[2415/(t+32)^2]$（Kirschbaum，1995，2000）。Chen 和 Tian（2005）通过对寒温带、温带、亚热带和热带 38 个地点的土壤呼吸数据进行整合分析，结果表明，3 个温度带的 Q_{10} 均随着土壤温度的升高而降低，而且寒温带土壤的 Q_{10} 随温度升高而下降的速度要比温带、亚热带和热带土壤快。Peng 等（2009）、Zheng 等（2009）对中国不同生态系统的土壤呼吸研究进行整合分析也得到了类似的结论。

2. 水分

与温度类似，水分也会通过直接和间接的途径影响土壤呼吸及其温度敏感性。在极端干旱条件下，植物气孔关闭，树叶脱落，根系死亡，微生物进入休眠期或者形成孢子以适应干旱条件，这些情况都会导致呼吸的降低进而影响土壤呼吸对温度的敏感程度。但大多数情况下，水分会通过对基质扩散的影响而作用于土壤呼吸温度敏感性。微生物产生的胞外酶以及利用有机物的扩散都需要在液相中进行，因此当含水量低时，会降低胞外酶和呼吸底物的扩散以及微生物的移动，从而降低了微生物与呼吸底物的接触机会，最终影响土壤呼吸及其对温度的响应。在干旱时期所观察到的土壤呼吸温度敏感性较低（Jassal et al., 2008；Nikolova et al., 2009；Almagro et al., 2009）多是由于土壤水膜变薄限制了胞外酶和底物的扩散。而在水分条件较适宜时由于可溶性物质的扩散并不受土壤水分的限制，相反温度还加快了物质扩散，因此土壤呼吸的温度敏感性较高（McCulley et al., 2007）。但是当土壤含水量过高时，土壤的大空隙则会充满水，此时氧气的扩散受到限制，根据 Michaelis-Menten 方程，土壤呼吸的温度敏感性也会下降。

多数野外研究表明土壤呼吸的 Q_{10} 具有一定的水分依赖性，但是不同生态系统中水分对 Q_{10} 的影响方向和程度又有很大的差别。一般而言，土壤干旱会降低土壤呼吸的温度敏感性，一定范围内随着土壤含水量的增加，土壤呼吸温度敏感性增加（Janssens and Pilegaard，2003；Reichstein et al.，2005；Gaumont-Guay et al.，2006；McCulley et al.，2007；Jassal et al.，2008；Almagro et al.，2009）。例如，Jassal 等（2008）对冷杉林的研究发现，当 4 cm 深的土壤含水量低于 $0.11\,m^3\cdot m^{-3}$ 时，土壤呼吸和温度解耦，导致温度敏感性明显低于 2。McCulley 等（2007）的研究表明，灌溉显著增加了土壤呼吸的温度敏感性。但是当土壤含水量超过某个阈值，土壤呼吸的温度敏感性反而会降低，如在中国东北森林生态系统的研究就发现土壤水分过高降低了土壤呼吸的温度敏感性（Wang et al., 2006）。

室内培养实验也发现了水分对温度敏感性的影响。多数研究表明土壤含水量适宜时温度敏感性最高，而土壤含水量较低和较高时温度敏感性下降（Bowden et al., 1998；Conant et al., 2004；Smith, 2005）。例如，Bowden 等（1998）在室内对温带混交硬木林地上凋落物和矿质土壤进行培养发现，在温度 5 ~ 25℃，田间持水量 20% ~ 100% 时，凋落物呼吸和矿质土壤呼吸的 Q_{10} 在高水分和低水分时较低。但也有学者发现水分对 Q_{10} 影响不大。例如，Klimek 等（2009）在田间持水量 15%、50% 和 100% 三个不同水分水平下培养土壤，研究发现水分低和水分高时都显著抑制了土壤呼吸，但是对土壤呼吸 Q_{10} 的影响并不显著。另外，高纬地区土壤呼吸的 Q_{10} 远远偏离了基于酶动力学的 Q_{10}，Öquist 等（2009）对采集自北方森林以及泥炭生态系统的土样进行室内培养发现，冰冻造成液态水的利用性下降是 Q_{10} 偏离的主要原因。

2.2　土壤呼吸温度敏感性的其他不确定性因素

土壤呼吸温度敏感性研究的不确定性不仅在于其复杂的影响因素和各因素间的交互作用，还在于其他一些因子，包括土壤温度的测定深度、时空尺度、不同组分温度敏感性的差异以及不同研究方法等。

2.2.1　土壤温度的测定深度

通常情况下，尤其是野外实验，一般通过测定地表 CO_2 通量和某一特定深度的土壤温度来拟合土壤呼吸温度敏感性。而土壤温度的变化幅度和滞后于气温的时间都随着土壤深度而变化，这必然会造成 Q_{10} 的极大变率，甚至有研究发现 Q_{10} 能高达 798.7（Pavelka et al., 2007）。尽管 Lloyd 和 Taylor（1994）、Davidson 等（1998）在 20 世纪 90 年代就提及了土壤温度测定点的深度可能对 Q_{10} 造成一定的影响，但是并没有具体定量化。近几年虽然一些学者对相关问题给予了一定的关注，但是还存在极大的不确定性。几乎所有的相关研究（Xu and Qi, 2001a；Hirano et al., 2003；Tang et al., 2003；Khomik et al., 2006；Gaumont-Guay et al., 2006；Wang et al., 2006；Pavelka et al., 2007；Graf et al., 2008）都发现土壤呼吸温度敏感性随着深度的增加而增加，但是大量的野外实验测定土壤温度的深度不尽相同，这就给不同样点间土壤呼吸温度敏感性的比较和大尺度模型模拟带来一定的偏差。因此使用温度作为一个独立变量来预测土壤呼吸时，为了减小误差，寻求一个合适的温度测量点是一个大的挑战。Pavelka 等（2007）指出，对草地生态系统来说，最适合的温度测量点是表层温度，因为土壤表层温度和土壤呼吸之间有着最好的回归系数，而 Gaumont-Guay 等（2006）则建议土壤呼吸对土壤温度的响应曲线有着最少滞后时的土壤温度的测定深度为最佳深度。

2.2.2　时空尺度

时空尺度的不同会给土壤呼吸温度敏感性的比较带来一定的困难。因为不同的时空尺度所代表的地下过程并非完全相同，所以在用模型模拟未来气候变化时要依据不同的研究目的采用相应的时空尺度，以减少不确定性。通常情况下，季节尺度上得出的 Q_{10} 不仅是温度对酶活性控制的体现，也是对根的生长动态和微生物群落变化的体现。此外，其他变量如土壤含水量和底物供应在季节尺度上也潜在地影响着土壤呼吸及其温度敏感性（Gaumont-Guay et al., 2006）。相反在短的时间尺度上，如日时间尺度，植物根系的生长和微生物群落几乎没有什么变化，土壤含水量的变化也比较小，因此日时间尺度和季节时间尺度所得到的 Q_{10} 反映的是不同的地下生态过程对温度的响应。所以在比较 Q_{10} 或者利用其估算碳收支时必须注意尺度问题。例如，当长时间尺度的 Q_{10} 与短时间尺度的 Q_{10} 差异比较大时（Janssens and Pilegaard, 2003; Gaumont-Guay et al., 2006），利用长时间尺度拟合出的 Q_{10} 来模拟短时间尺度的土壤通量，显然会造成很大的误差。

在不同的空间尺度上，影响土壤呼吸及其 Q_{10} 的主导因子也有所不同。例如，在景观尺度上 Craine 等（2010）研究发现土壤微生物呼吸的 Q_{10} 与底物质量和 pH 紧密相关；在大陆尺度上，Fierer 等（2006）也发现了 Q_{10} 和底物质量的关系。但是，到目前为止大部分的土壤呼吸研究还局限在样地尺度上。尽管从一些整合分析研究中可以得到一些大尺度上关于土壤呼吸 Q_{10} 的信息，但是采用方法不同，测定过程的差异等会带来一定的不确定性。大尺度土壤呼吸 Q_{10} 的研究还相对较少，还存在很大的不确定性，需要进一步深入研究。

2.2.3　呼吸组分间的差异和激发效应的影响

土壤呼吸包括根呼吸和土壤微生物呼吸，而根呼吸和土壤微生物呼吸本身具有不同的温度敏感性，因此土壤呼吸中根呼吸和土壤微生物呼吸比例的差异也是产生不确定性的原因之一。例如，Boone 通过对温带森林土壤呼吸（有根和无根）的研究，发现相比于土壤微生物呼吸和凋落物分解，根呼吸对温度更加敏感（Boone et al., 1998）。在桦树和石楠（Grogan and Jonasson, 2005）、云杉林（Gaumont-Guay et al., 2008）和混交林（Ruehr and Buchmann, 2010）中相似的结果也被观测到，甚至有研究发现根呼吸 Q_{10}接近土壤微生物呼吸 Q_{10}的两倍（Schindlbacher et al., 2008）。尽管如此，有学者认为在这些研究中植物物候的变化和光合作用的底物供应可能被忽略，从而导致根呼吸 Q_{10}的高估（Bhupinderpal et al., 2003；Davidson et al., 2006）。也有研究发现土壤微生物呼吸的 Q_{10}要高于根呼吸。Hartley 等（2007）对农田生态系统的研究发现，根呼吸对整个地下土壤呼吸的贡献比例和土壤呼吸 Q_{10}之间呈负相关，即土壤微生物呼吸比根呼吸对升温更敏感。

根呼吸和土壤微生物呼吸并不能截然分开，根的分泌物会影响根际微生物呼吸，从而产生激发效应（Blagodatskaya and Kuzyakov, 2008；Crow et al., 2009）。激发效应也会对土壤呼吸温度敏感性产生影响，这进一步加大了温度敏感性研究的复杂性和不确定性。例如，Bader 和 Cheng（2007）的温室盆栽实验表明，在一年的实验时段里，激发效应有正有负，方向随研究时段变化，在没有栽棉白杨的对照实验中，土壤呼吸对温度变化十分敏感，而由于根际激发效应的强烈影响，在栽有棉白杨的处理实验中，土壤呼吸对温度变化并不敏感。

2.2.4 实验方法的不同和解释的不同

不同的研究方法会对结果造成一定的偏差，在一定程度上导致结果的不确定性。例如，室内培养中采用平行培养和连续培养其结果是不同的。目前研究土壤呼吸温度敏感性的室内培养方法有两种，即平行培养（Bol et al., 2003）与连续培养（Fang et al., 2005）。Leifeld 和 Fuhrer（2005）对同样的样品进行平行培养和连续培养，发现平行培养显著低估了土壤呼吸的温度敏感性，其主要原因是随着培养时间的延长，在特定温度下土壤产生的 CO_2不同，这会对温度敏感性的评估造成偏差。而连续培养的方法不仅避免了由于有着不同的分解速率而造成的样品质量不同带来的偏差，还避免了微生物群落对特定温度产生适应所造成的偏差（Leifeld, 2003）。

类似的实验结果对其不同的解释可以得到截然不同的结论，这进一步加大了温度敏感性研究的不确定性。例如，Fang 等（2005）和 Leifeld 和 Fuhrer（2005）所做的连续培养实验类似，都发现培养初期（底物质量较高）和培养后期（底物质量较低）土壤异养呼吸的温度敏感性差异不大，但 Fang 等（2005）等得出了易分解碳库和难分解碳库有着相似的温度敏感性的结论，而 Leifeld 和 Fuhrer（2005）等认为在该培养时段里土壤呼吸可能来自同一碳库，即土壤质量并没有发生实质变化。因此采用室内短期培养的方法来研究底物质量与土壤呼吸温度敏感性关系时应当慎重。

鉴于土壤呼吸温度敏感性在气候变化和全球碳循环研究中的重要意义以及当前研究所存在的不确定性，未来需要迫切开展以下研究。

1）土壤呼吸不同组分温度敏感性差异的机理

根呼吸和土壤微生物呼吸是土壤呼吸的重要组成成分，在全球碳循环研究中起着极其重要的作用。根呼吸和土壤微生物呼吸对温度的敏感性是否相同目前仍无定论，激发效应使得这一问题更加复杂，有关过程和机理仍不清楚，需要进一步深入研究。

2）底物质量和底物供应对温度敏感性的影响

底物质量对土壤呼吸的温度敏感性的影响是目前研究的热点，但到目前为止仍没有一致的结论。原因包括底物质量的定义和区分，以及无法区分底物质量和供应间的影响及其交互作用等。未来有关温度敏感性的研究要想取得实质性的进展，必须先克服这两个问题。

3）生物因子对土壤呼吸温度敏感性的影响

目前，土壤呼吸温度敏感性的研究多集中在底物以及环境因子上，对生物因素关注较少。作为 CO_2产生的主体，生物对温度敏感性的影响起着举足轻重的作用。在未来全球变暖的背景下，各种生态系统的结构和土壤微生物的种群等会做出相应的变化，它们是否会对温度升高产生适应以及是否会对土壤呼吸温度敏感性产生影响，这些都是亟待解决的问题和难题。

第3章　森林树干呼吸及其对温度的响应

3.1　引　　言

树干呼吸是森林生态系统碳循环的重要组成部分，它影响着森林生态系统的碳平衡和能量平衡（Ryan et al.，1996）。因此，树干呼吸的研究受到越来越多的学者关注。通常情况下，用测定的树干表面的 CO_2 通量来表征树干呼吸，因为植物蒸腾作用而由液流带走的 CO_2 只占树干呼吸的很少一部分（Teskey and McGuire，2002；Maier and Clinton，2006；Teskey and McGuire，2007）。在寒带森林，树干呼吸可以占到整个生态系统呼吸的9%（Zha et al.，2004；Acosta et al.，2008），而在温带森林可以占到21%（Wang et al.，2010）。因此，为了提高基于生态过程的森林生态系统碳循环模型的精度，为了更好地预测碳循环对全球变暖的响应，必须加强树干呼吸及其调控因子的相关研究（Vose and Ryan，2002）。

以前的研究已经发现不同森林生态系统之间树干呼吸有着很大的时空变率（Edwards and Hanson，1996；Acosta and Brossaud，2001；Ceschia et al.，2002；Wieser and Bahn，2004；Zha et al.，2004；Yan et al.，2009；Shi et al.，2009）。Ceschia 等（2002）评估了非生长季树干呼吸的空间变率，发现从胸径处到林冠上层树干呼吸由 7.2μmol · m^{-2} · s^{-1} 增加到了 528μmol · m^{-2} · s^{-1}。Zha 等（2004）在芬兰对苏格兰松的树干呼吸进行了 3 年的测定，发现最大树干呼吸为 1.5 ~ 1.8μmol · m^{-2} · s^{-1}。此外，一些研究也发现在不同气候条件下同一树种的树干呼吸也存在很大变率（Carey et al.，1997；Lavigne and Ryan，1997）。Carey 等（1997）比较了不同气候条件下美国黄松树干呼吸的差别，发现对整棵树而言，山地条件下树干呼吸（1051g C · a^{-1}）要明显大于沙漠气候条件下的树干呼吸（974g C · a^{-1}）。尽管如此，对相同气候条件下不同树种之间树干呼吸差异的研究还比较少见，尤其是落叶树种与常绿针叶林之间的差别，而其对于理解全球变暖背景下树干呼吸的响应又是极其重要的。

温度是影响树干呼吸最主要的因子之一（Xu et al.，2001；Damesin et al.，2002；Wang W J et al.，2003）。通常情况下，树干呼吸随温度呈指数增加趋势，这种响应一般用温度系数 Q_{10} 来表示（Lavigne，1996；Ceschia et al.，2002；Wang et al.，2008b；

Ryan et al.，2009）。以前的研究发现树种间 Q_{10} 有很大的变率（1.0～4.4）（Stockfors，2000；Bosc et al.，2003；Jiang et al.，2003；Zha et al.，2004；Brito et al.，2010）。Zha 等（2004）计算了苏格兰松树干呼吸的年际 Q_{10}，发现三年间 Q_{10} 都维持在 2 左右。Wang W J 等（2003）发现兴安落叶松的树干呼吸对温度变化很敏感，Q_{10} 在 2.22～3.53。此外，一些研究发现不同季节间 Q_{10} 有着明显的不同（Paembonan et al.，1991；Carey et al.，1997；Zha et al.，2004；Gruber et al.，2009；Brito et al.，2010）。例如，Lavigne（1996）发现相比生长季而言，非生长季树干呼吸对温度响应更加敏感。尽管如此，Gruber 等（2009）却发现五针松树干呼吸在生长季的 Q_{10}（2.25）要高于在非生长季的 Q_{10}（1.81）。可见人们对树干呼吸 Q_{10} 的理解还不够深入，尤其是对处于气候过渡区的北亚热带森林而言，因为有研究发现气候过渡区可能对气候变化更加敏感（Thuiller et al.，2005）。

鸡公山国家级自然保护区物种丰富。麻栎（*Quercus acutissima* Carruth.）是该区域最为典型的落叶阔叶树种，而马尾松（*Pinus massoniana* Lamb.）和火炬松（*Pinus taeda* L.）是最常见的常绿针叶树种。这就为我们在相同的气候条件下，研究落叶阔叶树种和常绿针叶树种之间树干呼吸的差别提供了契机。本章研究对麻栎、马尾松和火炬松三个树种的树干呼吸进行了连续两年的测定，研究目的是：①评估三个树种树干呼吸的日变化和季节变化；②分析三个树种树干呼吸对树干温度变化的响应。

3.2　材料与方法

3.2.1　样地概况

研究样地选在鸡公山国家级自然保护区内。该自然保护区位于河南省南部信阳市境内的豫鄂两省交界处。地理坐标为 114°01′E～114°06′E，北纬 31°46′N～31°52′N，面积约 3000hm²。南部和东南部与湖北省应山县接壤，东部、北部、西部与河南省信阳市李家寨乡为邻。鸡公山国家级自然保护区地处北亚热带的边缘，淮南大别山西端的浅山区。受东亚季风气候的影响，该区域具有北亚热带向暖温带过渡的季风气候和山地气候的特征，四季分明，光、热、水同期。春季气温变幅大，夏季炎热雨水多，秋季气爽温差小，冬季寒冷雨雪稀。年平均气温 15.2℃，极端最高气温 40.9℃，极端最低气温 -20.0℃，≥10℃ 的活动积温为 4881.0℃。无霜期 220d，年平均降水量

1118.7mm，空气干燥度0.84，属北亚热带温润气候区。区内山下年蒸发量为1373.8mm，山上降水量与蒸发量相近。区内年总辐射为4928.70 MJ·m^{-2}。1年中，6月最多，可达574.43MJ·m^{-2}，12月最少，仅有269.2MJ·m^{-2}。总辐射的垂直变化与云雾关系密切。

保护区内主要土类为黄棕壤，该土类是在北亚热带气候条件下形成的一种地带性土壤。成土母质较为复杂，有花岗岩、砂页岩、片麻岩和灰绿岩等。其主要特性是发育在多种岩石风化物上，一般具有A_0层。A_0层和A层一般有机质含量丰富，剖面发育不明显、无明显的铁锰结核新生体淀积，pH 5.0~6.5，盐基饱和度为中度不饱和。黄棕壤土类分布面积最大，占区内土壤面积的60%。鸡公山国家级自然保护区的地带性植被，属中国北亚热带东部偏湿性常绿落叶阔叶林。该区的优势植被为落叶栎林、马尾松林、黄山松林、松栎混交林以及黄檀、刺槐、化香、枫香等阔杂树种组成的次生阔杂林。森林植被明显呈乔木、灌木、草本植物三层结构。乔木层通常分为两个亚层，建群种和共建种包括麻栎（*Quercus acutissima* Carruth.）、马尾松（*Pinus massoniana* Lamb.）、槲栎（*Quercus aliena* Blume）、栓皮栎（*Quercus variabilis* Bl.）、黄山松（*Pinus taiwanensis* Hayata）、化香（*Platycarya strobilacea* Sieb. et Zucc.）、枫香（*Liquidambar formosana* Hance）、黄檀（*Dalbergia hupeana* Hance）、刺槐（*Robinia pseudoacacia* L.）、野樱桃（*Prunus pseudocerasus* Lindl.）等；灌木层优势种有山胡椒[*Lindera glauca*（Sieb. et Zucc.）Blume]、盐肤木（*Rhus chinensis* Mill.）、白鹃梅[*Exochorda racemosa*（Lindl.）Rehd.]、小连翘（*Hypericum erectum* Thunb. ex Murr.）、茅栗（*Castanea seguinii* Dode）、胡枝子（*Lespedeza bicolor* Turcz.）、省沽油[*Staphylea bumalda*（Thunb.）DC.]、钓樟（*Lindera erythrocarpa* Makino）等；草本层优势种有求米草[*Oplismenus undulatifolius*（Arduino）Roem. et Schult.]、大花金鸡菊（*Coreopsis grandiflora* Hogg.）、柔苔草（*Carex bostrichostigma* Maxim.）、白毛羊胡子草（*Eriophorum vaginatum* L.）、萱草（*Hemerocallis fulva* L.）、结缕草（*Zoysia japonica* Steud.）等。人工植被在该区有一定面积，面积较大的有马尾松林、黄山松林等，此外还有从美国、日本引进的火炬松（*Pinus taeda* L.）、池杉（*Taxodium ascendens* Brongn.）、落羽杉（*Taxodium distichum* L.）等。

2008年8月底在麻栎林（ML）、马尾松林（MWS）和火炬松林（HJS）分别建立一个30m×30m的样地。麻栎林是天然次生林，马尾松林和火炬松林是人工林。三块样地的植被特征见表3.1。

表 3.1　麻栎林、马尾松林和火炬松林样地的特征和植被构成

样地	林龄/a	林分密度/(棵·hm^{-2})	平均树高/m	平均胸径/cm	主要林下植被
ML	38	467	18.7	26.3	枫香（*Liquidambar twiwaniana*）；青岗栎（*Quercus glauca*）；连翘（*Forsythia glauca*）；求米草（*Oplismenus undulatifolius*）
MWS	28	589	20.3	25.7	齿状栎（*Quercus dentata*）；盐肤木（*Rhus chinensis*）；红叶连翘（*Forsythia suspense*）；狭叶苔草（*Carex stenophylla*）
HJS	28	411	14.9	27.6	化香树（*Platycarya stobilacea*）；山胡椒（*Lindera glauca*）；胡枝子（*Lespedeza bicolor*）；求米草（*Oplismenus undulatifolius*）

3.2.2　树干呼吸测定

2008年8月底在三块样地各选取具有代表性的树15棵，树干呼吸测定采用HOSC（horizontally oriented soil chamber）技术（Xu et al., 2000）。简单来说就是用一个PVC环固定在树干上用以连接树干和土壤呼吸测定气室，即LI-6400便携式光合作用测量化配套使用的土壤呼吸测定气室（LI-6400-09，Inc. Lincoln，NE，USA）。PVC环的一端被切割成弧形以匹配树干的弧度，另一端磨平连接土壤呼吸测定气室。在每棵树的1.3m处安装PVC环，直径为10.1cm，轻微刮掉一些树皮，以保证树表面比较平整，但不能伤到形成层。用硅胶将PVC环黏合在树干上，检测气密性以保证不漏气。采用HOSC技术每月定期测定树干呼吸，从早上到傍晚对各个样地中的15棵树的树干呼吸进行循环测定，通常每天可测3～5个循环。此外，在2009年4月测定了树干呼吸的24小时变化。在测定树干呼吸的PVC环右侧用电钻钻取一个深约3cm的细孔，使LI-6400配套的温度探头刚好插进去。在测树干呼吸时同时测定树干温度（图3.1）。

图3.1　树干呼吸测定及小气候监测

3.2.3　林内小气候监测

在火炬松林和马尾松林样地分别安装了自动气象站（AR5，Inc. AVALON，USA），连续监测 5cm 和 20cm 深的土壤温度（AV-10T，Inc. AVALON，USA）和土壤水分（AV-EC5，Inc. AVALON，USA），以及 1.5 m 处空气温度和水分（AV-10TH，Inc. AVALON，USA）、辐射（AV-10Q，Inc. AVALON，USA）、风速（AV-30WS，Inc. AVALON，USA）、风向（AV-30WD，Inc. AVALON，USA）等气象要素（图 3.1）。

3.2.4　年轮样芯的测量

2011 年 2 月底，用生长锥（CO500，Inc. HAGLÖF，SWEDEN）在测定树干呼吸的 PVC 环下方约 10cm 处钻取年轮样芯。带回实验室，用胶固定在木制固定架上，晾干后打磨。利用年轮分析仪（Rinn SA，Heidelberg，Germany）测定近三年的年轮宽度，精度为 0.01mm。

3.2.5　数据分析

为了计算树干呼吸，需要 PVC 环所围的树干面积以及气室插入 PVC 环的有效深度 d。根据式（3.1）计算 PVC 环所围的树干面积：

$$A=\frac{\pi^2}{720}D_c D_s \arcsin\left(\frac{D_c}{D_s}\right) \tag{3.1}$$

式中，A 为 PVC 环所围的树干面积；D_c 为 PVC 环的直径；D_s 为树干直径。

根据式（3.2）计算气室插入 PVC 环的有效深度：

$$H=[V_c-(D_c/2)^2\pi d]/(D_c/2)^2\pi \tag{3.2}$$

式中，H 为有效插入深度；V_c 和 D_c 为树干上所黏 PVC 环的体积和直径，d 为气室插入 PVC 环的有效深度。

根据式（3.3）计算树干呼吸和树干温度的关系：

$$R=R_{15}Q_{10}^{(T-15)/10} \tag{3.3}$$

式中，R 为树干呼吸；R_{15} 为温度为 15℃ 时的树干呼吸；Q_{10} 为温度系数；T 为树干温度。本章将整个研究期划分为生长季和非生长季，采用式（3.3）拟合。

本章研究没有连续地测定树干温度，因此为了估算全年的树干呼吸，采用 5cm 深的连续土壤温度（AV-10T，Inc. AVALON，USA）来代替树干温度。因为在充分考虑空气温度，5cm和20cm深度的土壤温度和树干温度的关系以及时间滞后问题后，发现三块样地5cm深的土壤温度和树干温度的相关系数最高（图3.2）。

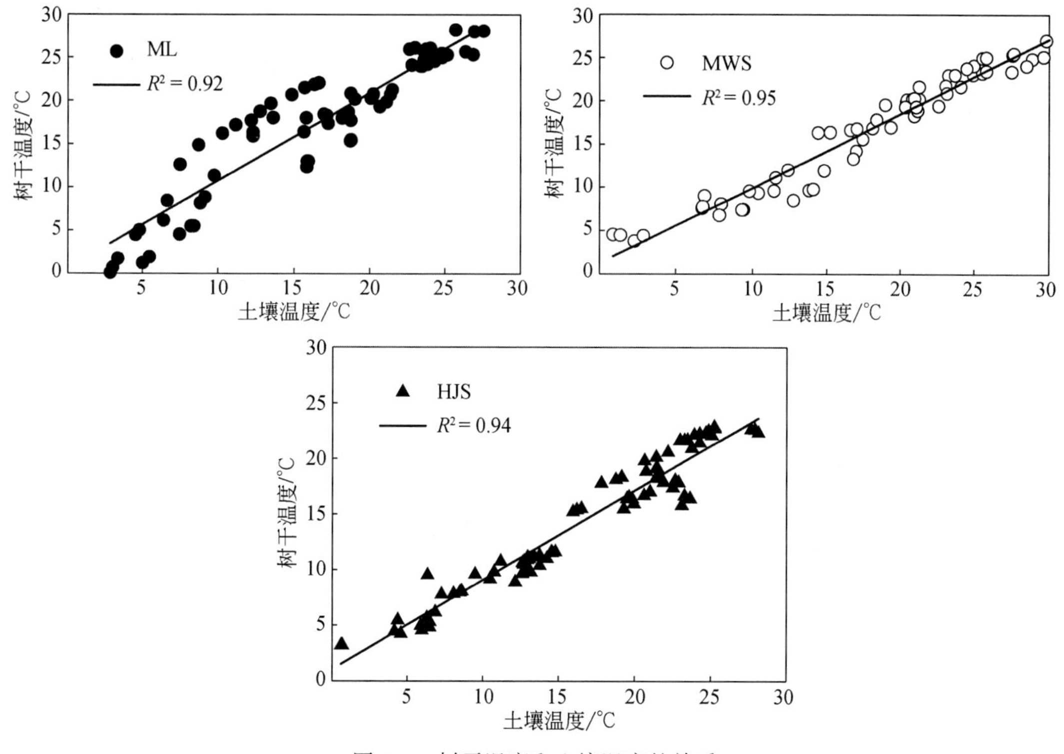

图3.2　树干温度和土壤温度的关系

生长季和非生长季Q_{10}以及基础呼吸的差异采用单因素方差分析。数理统计和非线性回归采用SPSS 17.0软件完成，作图使用SigmaPlot 10.0软件实现。

3.3　研究结果

3.3.1　树干呼吸日变化

三个树种的树干呼吸日变化模式是相似的。整体而言呈不对称分布，即早上树干呼吸急剧增加，午后达到最大值，然后缓慢下降。不仅如此，三个树种的树干呼吸基本随着树干温度的变化而变化。树干温度可以决定麻栎树干呼吸日变化的99%、马尾松树干呼吸日变化的95%和火炬松树干呼吸日变化的96%。此外，研究发现麻栎树干呼吸的最大值出现在16:00左右，与树干温度的最大值出现时间是一致的。而火炬松树干呼吸和树干温度的最大值则出现在17:00左右。尽管如此，研究发现马尾松树干呼吸的最大值出现在15:00，比树干温度最大值对应时间早两个小时。观测结果也显示马尾松和火炬松树干呼吸日变化幅度较小，分别为0.41～0.57μmol·m^{-2}·s^{-1}和0.94～1.40μmol·m^{-2}·s^{-1}，而麻栎的树干呼吸日变化幅度较大，最小值为1.57μmol·m^{-2}·s^{-1}，最大值为2.52μmol·m^{-2}·s^{-1}（图3.3）。

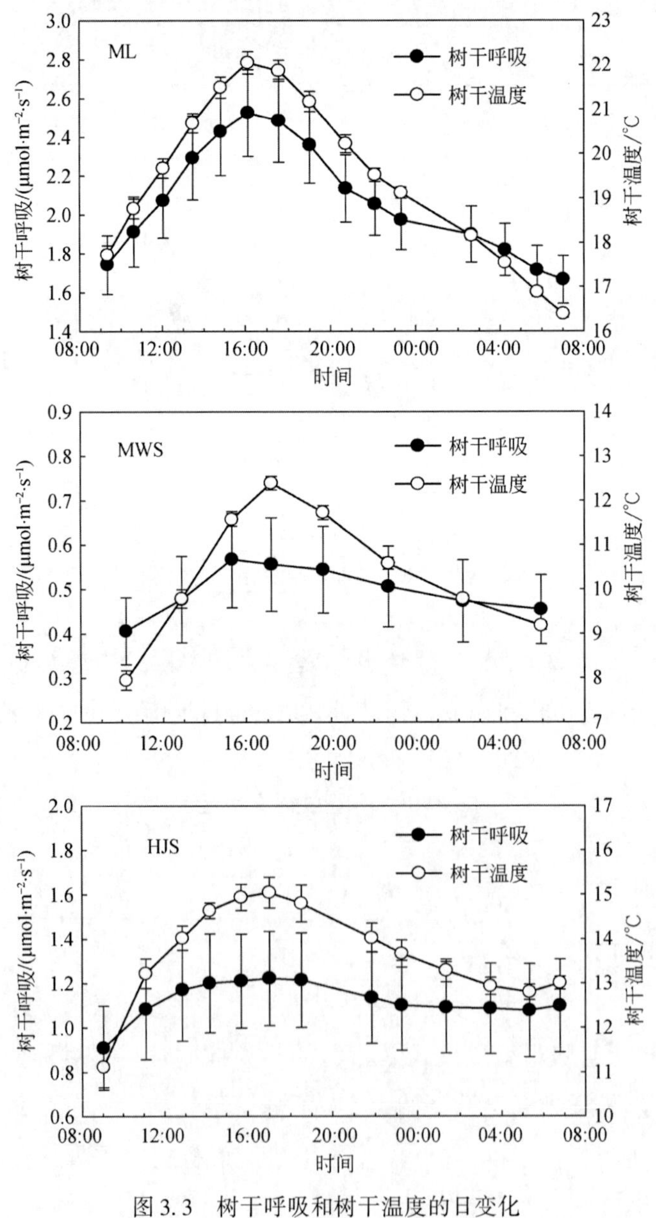

图3.3　树干呼吸和树干温度的日变化

3.3.2 树干呼吸季节变化

在季节尺度上，三个树种树干呼吸同样随着树干温度的变化而变化。从2008年9月~2010年8月，树干呼吸和3cm深的树干温度变化趋势基本一致。对所研究的三个树种而言，树干呼吸通常在春季（4月）开始增加，在夏季（7~8月）时达到最大，然后逐渐下降，在冬季时（12月~次年1月）达到最低值［图3.4（a)］。尽管三个树种树干呼吸变化趋势一致，但是变化幅度有着明显的差别。三个树种树干呼吸季节变化幅度从大到小依次是麻栎（3.35μmol·m^{-2}·s^{-1}），马尾松（1.60μmol·m^{-2}·s^{-1}）和火炬松（1.18μmol·m^{-2}·s^{-1}）。两年的测定结果显示麻栎、马尾松和火炬松树干呼吸的最大值差别比较大，分别为3.61±0.14μmol·m^{-2}·s^{-1}、1.80±0.11μmol·m^{-2}·s^{-1}、1.43±0.09μmol·m^{-2}·s^{-1}，最小值差异不大，分别为0.26±0.01μmol·m^{-2}·s^{-1}、0.20±0.02μmol·m^{-2}·s^{-1}、0.25±0.03μmol·m^{-2}·s^{-1}［图3.4（b)］。

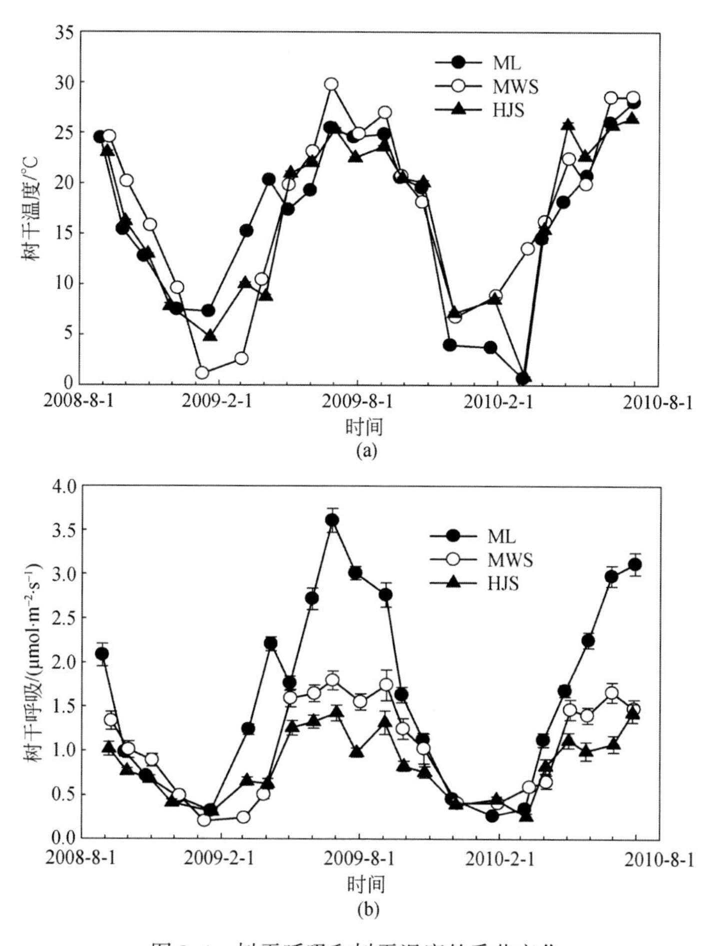

图3.4　树干呼吸和树干温度的季节变化

3.3.3　树干呼吸的 Q_{10}

三个树种树干呼吸和树干温度均呈很好的指数关系，树干温度可以决定树干呼吸季节变化的77% ~85%（图3.5）。麻栎、马尾松和火炬松三个树种树干呼吸的 Q_{10} 分别为2.24、1.76和1.63。显然，相比两个常绿针叶树种而言，麻栎树干呼吸有着更高的表观 Q_{10}。将研究期分为生长季（4~10月）和非生长季（11月~次年3月），发现树干呼吸对温度的响应是不同的，生长季树干呼吸的 Q_{10} 比非生长季树干呼吸的 Q_{10} 要小得多（图3.6）。麻栎在第一年生长季的树干呼吸的 Q_{10} 为2.44，在非生长季的树干呼吸的 Q_{10} 为3.84，第二年对应的值分别为2.38和2.88，方差分析表明生长季和非生长季的差异达到显著水平（$P<0.05$）。马尾松和火炬松树干呼吸也发现类似的结果（图3.6），即生长季的 Q_{10} 显著低于非生长季的 Q_{10}（$P<0.05$），这些结果表明生长季的树干呼吸不仅仅由温度控制，其他因素（如树干的生长）也影响了生长季树干呼吸对温度变化的响应。

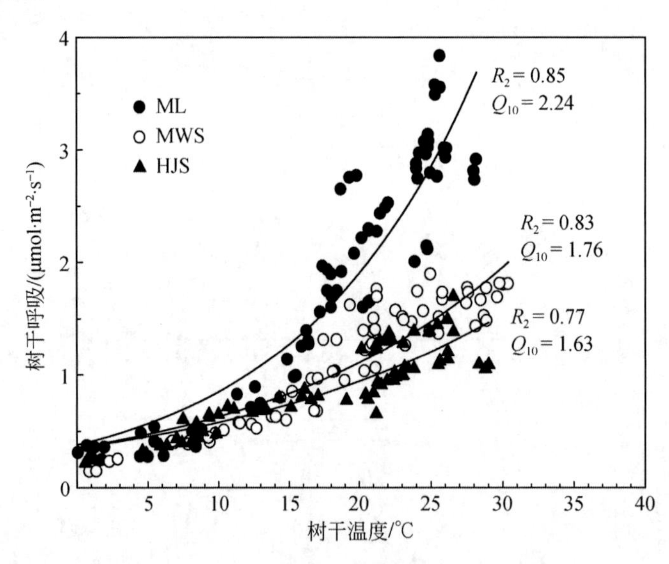

图3.5　整个研究期树干呼吸和树干温度的关系

3.3.4　生长季和非生长季的树干基础呼吸

麻栎和马尾松生长季和非生长季的树干基础呼吸（校正到15℃的树干呼吸）差别很大（图3.7）。研究期第一年，麻栎生长季和非生长季的树干基础呼吸分别为1.33±

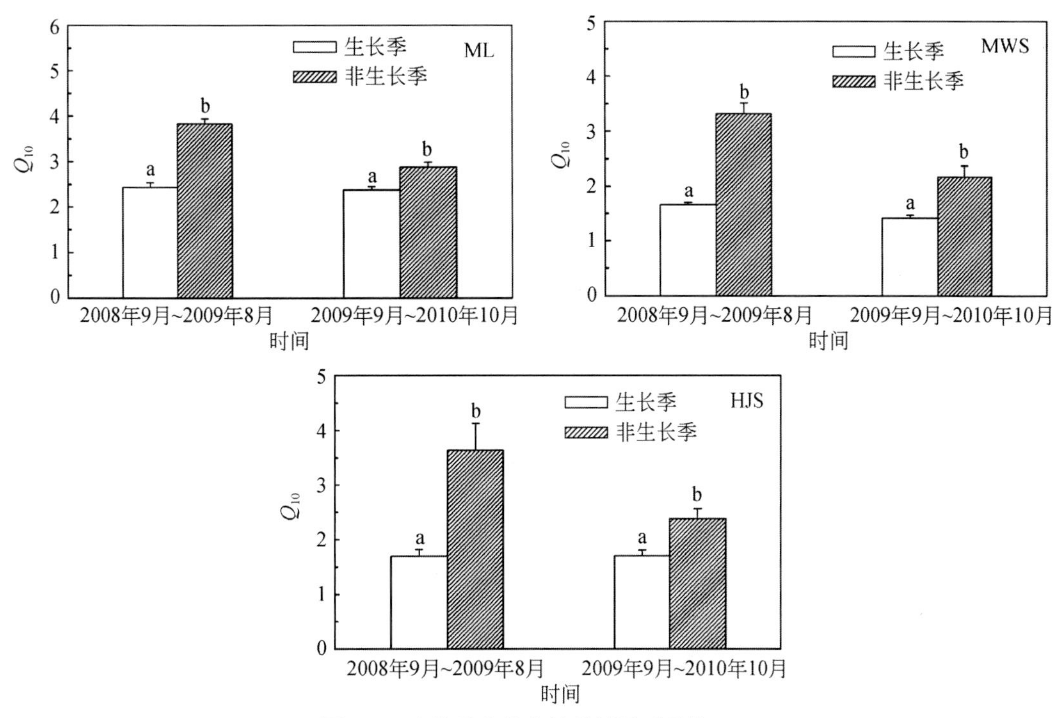

图 3.6 生长季和非生长季树干呼吸的 Q_{10}

0.08μmol · m^{-2} · s^{-1}和 0.95±0.07μmol · m^{-2} · s^{-1}，第二年对应的值分别为 1.22±0.07μmol · m^{-2} · s^{-1}和 0.97±0.07μmol · m^{-2} · s^{-1}。方差分析表明，两年间生长季和非生长季树干基础呼吸的差异均达到显著水平（$P<0.05$）。马尾松也呈现出相似的结果，即两年的生长季的树干基础呼吸均显著高于非生长季的树干基础呼吸（$P<0.05$）。尽管如此，火炬松并没有发现这种现象（图 3.7）。火炬松研究期第一年生长季和非生长季的树干基础呼吸差异不大（$P>0.05$），第二年尽管生长季的树干基础呼吸略大于非生长季，但是差异依然不显著（$P>0.05$）。

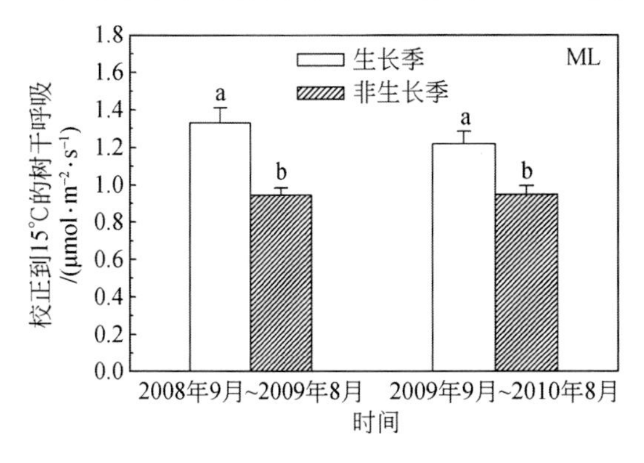

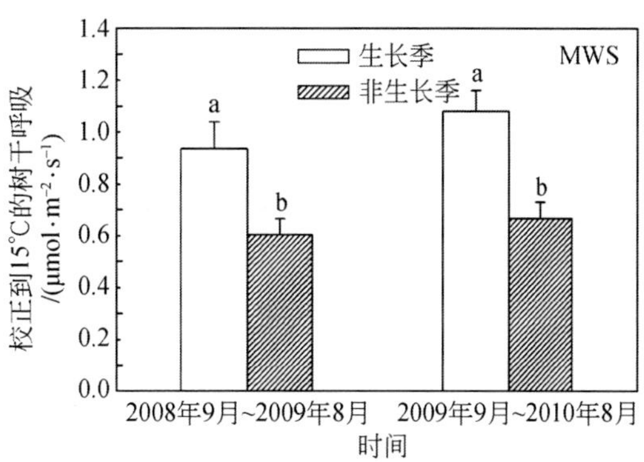

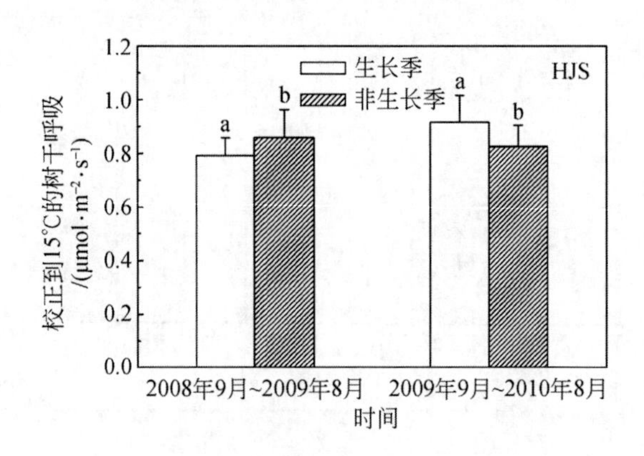

图 3.7　生长季和非生长季校正到 15℃的树干呼吸

3.4　讨论与分析

本章结果表明，对麻栎和马尾松而言，生长季和非生长季的基础呼吸（校正到 15℃的树干呼吸）差别很大，而火炬松却没有明显差别。以前的研究已经发现生长季的基础呼吸明显要高于非生长季（Damesin et al.，2002；Zha et al，2004），其可能的原因是生长季呼吸组织具有更大的代谢活性，并且可以得到更多的光合产物。已有研究证实了冠层光合作用会影响基质供应，进而影响树干呼吸的变化（Zha et al.，2004；Wertin and Teskey，2008；Maier et al.，2010；Maunoury-Danger et al.，2010）。尽管如此，本章发现火炬松的生长季和非生长季的树干基础呼吸差别不大。推测起来，其可能原因是 2008 年上半年的冰冻雨雪灾害显著影响了随后生长季光合产物的供应，进而降低了树干呼吸。相比马尾松而言，火炬松受冰冻灾害的影响更大，本章发现火炬松有更多的针叶变成棕色，形成了更多的凋落物。对落叶阔叶树种麻栎而言，冰冻灾害对其影响很小。此外，本章还发现相比 2009 年和 2010 年，2008 年火炬松形成一个明显的窄轮，而其他两个树种年际间年轮的差异相对较小（图 3.8）。因为以前许多研究已经发现年轮的生长率和树干的生长呼吸紧密相关（Panshin and Zeeuw，1970；Lavigne et al.，2004b），这也间接说明了冰冻明显影响了火炬松的树干呼吸。

本章发现，相比于两个针叶林，麻栎不仅树干呼吸最大，而且对温度变化也更敏感。这种高的表观 Q_{10} 可能是生长呼吸和维持呼吸共同作用的结果。理论上，生长呼吸对温度变化不敏感，而维持呼吸一般随着温度的增长而呈指数增加趋势（Landsberg，1986；Ryan，1990；Wang Y S et al.，2003；Brito et al.，2010）。由于不同

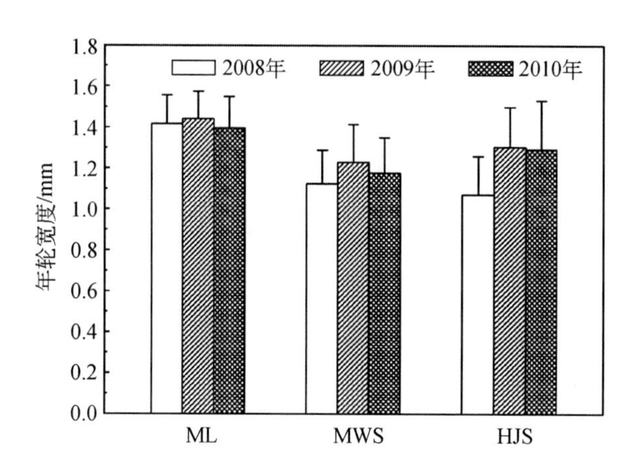

图3.8 麻栎、马尾松和火炬松不同年份的年轮宽度

时间尺度上，生长呼吸占总呼吸的比例不同，因此树干呼吸的 Q_{10} 对尺度是极其敏感的。本章研究结果表明，生长季的 Q_{10} 比非生长季低得多（图3.6），这也证实了这一观点。由于树干的生长和温度的变化是一致的，因此将生长季和非生长季联合起来所得到的 Q_{10} 将偏大。这时所得到的 Q_{10} 并不能反映树干呼吸过程的真实 Q_{10}，而是被其他因子和生理过程所混淆的表观 Q_{10}，这与 Davidson 和 Janssens（2006）所提出的土壤有机质分解的表观 Q_{10} 是相似的。显然，这个表观 Q_{10} 会误导我们对树干呼吸对全球变暖的响应的理解和模拟，因此生态系统模型中需要将总的树干呼吸分成生长呼吸和维持呼吸（Amthor，1989，2000；Maier，2001；Lavigne et al.，2004a）。

第4章　树干温度的测定深度对树干呼吸敏感性的影响

4.1　引　　言

树干呼吸是陆地生态系统呼吸的重要组成部分，是未来全球变化情景下生态系统碳平衡的重要决定因素（Ryan et al.，1996；Maier et al.，1998；Ryan et al.，2009）。为了预测未来气候变暖条件下树干呼吸的响应，生态学家经常用的一个重要参数就是树干呼吸的温度敏感性（Lavigne，1996；Xu et al.，2001；Ceschia et al.，2002；Damesin et al.，2002；Wang W J et al.，2003；Wang et al.，2008b；Ryan et al.，2009）。有研究发现树干呼吸的 Q_{10} 受温度（Atkin and Tjoelker，2003）、基质供应（Maier et al.，2010）的影响，而且对季节变化极其敏感（Paembonan et al.，1991；Carey et al.，1997；Zha et al.，2004；Gruber et al.，2009；Brito et al.，2010）。敏感性的细微变化都会影响树干呼吸对气候变暖的响应和适应，在拟合 Q_{10} 时要谨慎。

通常情况下，人们用树干表面 CO_2 通量来指代树干呼吸（Stockfors，2000；Bosc et al.，2003；Zha et al.，2004；Brito et al.，2010）。事实上，我们所测定的树干呼吸是处于不同温度区域的整个木质组织呼吸的综合反映，而在拟合 Q_{10} 时仅仅使用一定深度的测定温度。随着深度增加，树干温度的变化幅度和相位均会变化，因此这必然给 Q_{10} 的拟合造成偏差。一些学者研究了土壤温度的测定深度对土壤呼吸 Q_{10} 的影响（Hirano et al.，2003；Pavelka et al.，2007；Graf et al.，2008；Gaumont-Guay et al.，2008），但是到目前为止，还未见树干温度的测定深度对树干呼吸 Q_{10} 的影响的报道。

人们经常比较不同地点（Lavigne，1996；Lavigne and Ryan，1997）、不同树种（Lavigne and Ryan，1997；Levy and Jarvis，1998；Harris et al.，2008）、不同气候区（Carey et al.，1997）树干呼吸的敏感性，但是不考虑树干温度的测定深度对 Q_{10} 造成的影响，势必给树干呼吸敏感性的比较带来偏差。不同学者在研究树干呼吸及敏感性时测定树干温度的深度是不同的，如在0.3cm（Maier et al.，2010）、0.5cm（Zha et al.，2004）、0.7cm（Saveyn et al.，2007a，2007b）、1cm（王淼等，2008；Araki et al.，2010；Zach et al.，2006）、1.5cm（Bowman et al.，2005，2008）、2cm（Wang et al.，

2010)，更有许多学者仅仅指出是树表皮下温度，并没有明确指出温度的具体测定深度（Lavigne，1996；Lavigne and Ryan，1997；Wieser and Bahn，2004）。因此，决定树干温度的最合适测定深度有助于提高树干呼吸温度响应曲线的可信性，也有助于样地间或者树种间敏感性的比较。

本章以马尾松为研究对象，测定了树干呼吸及不同深度的树干温度。研究的目的是：①探讨树干温度的测定深度对树干呼吸敏感性的影响；②决定树干温度的最合适测定深度。

4.2 材料与方法

4.2.1 树干呼吸及树干温度的测定

在马尾松林选取了 6 棵马尾松作为研究对象。6 棵树的胸径范围为 19.10 ~ 30.87cm。从 2010 年 5 月 6 日 8:00 到 5 月 8 日 8:00，连续重复测定树干呼吸。在测定树干呼吸的 PVC 环右侧用电钻钻取一个 7cm 深的细孔，使 LI-6400 配套的温度探头插进去。在测树干呼吸的同时测定树表（0cm）以及深度分别为 1 ~ 7cm 的树干温度。在两次测量之间，细孔用胶带封住。

4.2.2 数据分析

分析比较不同深度的树干温度和树干呼吸的关系后，寻求最佳树干温度的测定深度。自动气象站记录有连续半小时气温数据，依据不同提前量的气温与树干呼吸的关系，把拟合方程的决定系数最高时的气温提前量作为树干呼吸滞后于气温的时间。

4.3 研究结果

4.3.1 不同深度的树干温度日变化

随着测定深度的不断增加，树干温度的日变化幅度越来越小，而滞后时间越来越长（图 4.1）。树表（0cm）树干温度的日变化幅度为 11.39 ~ 22.19℃，平均值为

17.45℃；3cm 深的树干温度的变化幅度为 13.26～19.71℃，平均值为 17.57℃；7cm 深的树干温度变化幅度更小，为 14.05～19.66℃，平均值为 17.67℃。显然，随着深度的不断增加，日变化幅度越来越小，但是平均值变化并不大。此外，研究发现树表温度的最低值出现在早上 5:00 左右，并最大值出现在中午 12:00 左右，并且随着深度的不断增加，滞后时间越来越长，7cm 深的最高温滞后了约 6h，最低温滞后了约 2h。

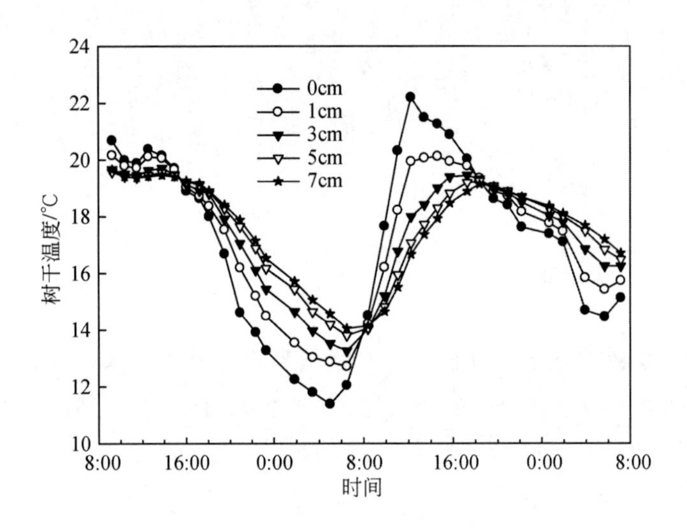

图 4.1 不同深度树干温度的日变化

4.3.2 不同深度的树干温度对表观 Q_{10} 的影响

随着测定深度的增加，树干温度的变化幅度变小而相位逐渐后移，这就造成了树干呼吸和树干温度之间的关系也随着温度的测定深度而变化。这种变化体现在三个方面：椭圆旋转方向、圆度和主轴方位（图 4.2）。将树干温度和树干呼吸作图发现，随着测定深度的增加，椭圆的旋转方向发生了变化。树表温度和树干呼吸形成的椭圆呈逆时针方向旋转，而随着深度的不断增加，旋转方向变成了顺时针方向。随着深度的增加，椭圆的圆度也发生着变化，呈现出先大后小再变大的趋势。如图 4.2 所示，在 0cm 和 7cm 时，均呈现为明显的椭圆，而在 3cm 时几乎变为一条线。此外，研究发现主轴方位也发生着变化，0cm 时主轴与 x 轴的角度较小，随着深度的增加，角度逐渐变大。

随着深度的不断增加，树干呼吸的温度敏感性（Q_{10}）以及呼吸和温度关系方程的决定系数（R^2）也随之发生变化（图 4.2）。从 0cm 到 7cm 深，树干呼吸的 Q_{10} 呈现出递增的趋势，从 1.41 增加到 2.09。尽管如此，随着深度的不断增加，Q_{10}的增加趋势逐渐变缓，从 0cm 到 3cm 深 Q_{10}增加了 0.54，而从 3cm 到 7cm 深 Q_{10}仅增加了 0.14。树干呼吸和温度的拟合方程的 R^2 呈现先增加后减少的趋势，在 3cm 时，R^2达到最大值 0.98。

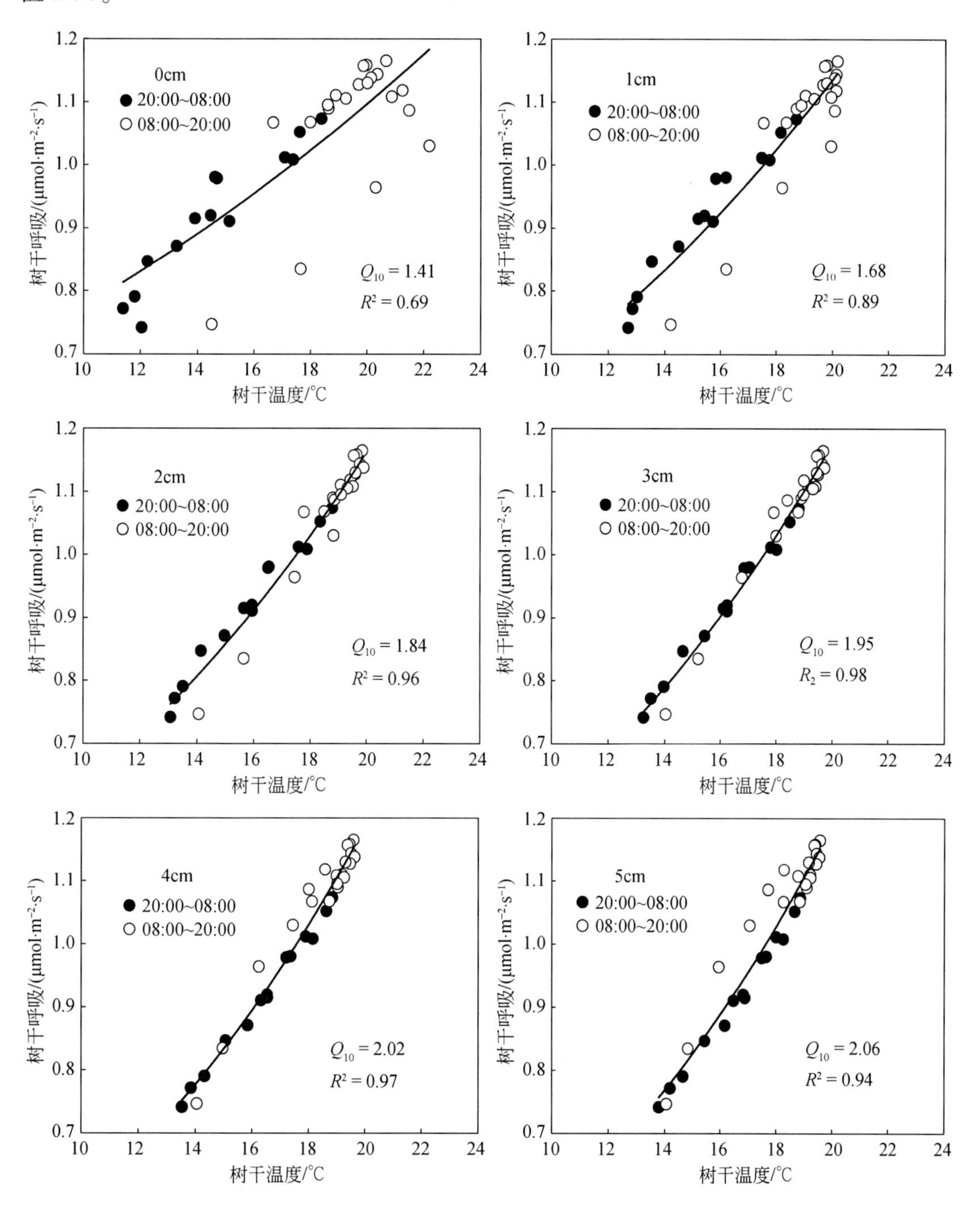

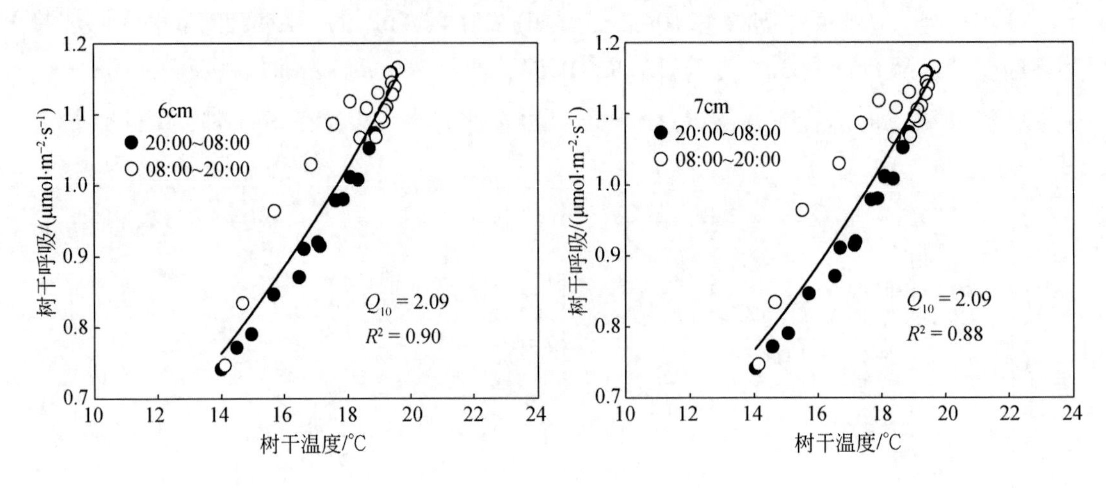

图 4.2　树干呼吸与不同深度树干温度的关系

4.3.3　不同提前量的气温对表观 Q_{10} 的影响

由于热量的传输，实际树干温度总要滞后于气温，因此采用提前几小时的气温来代替树干温度，以拟合树干呼吸和温度的关系。将分别提前 0 ~ 5h 的气温和树干呼吸作图发现，随着提前时间的增加，椭圆的旋转方向从逆时针变为了顺时针，圆度呈现出先大后小再大的趋势，在提前 4h 的时候，椭圆最扁，几乎成一条线，而且主轴方位也在发生细微的变化（图 4.3）。此外研究发现随着提前时间的增加，树干呼吸的 Q_{10} 也逐渐增大，而 R^2 在提前 4h 的时候达到最大，为 0.87。

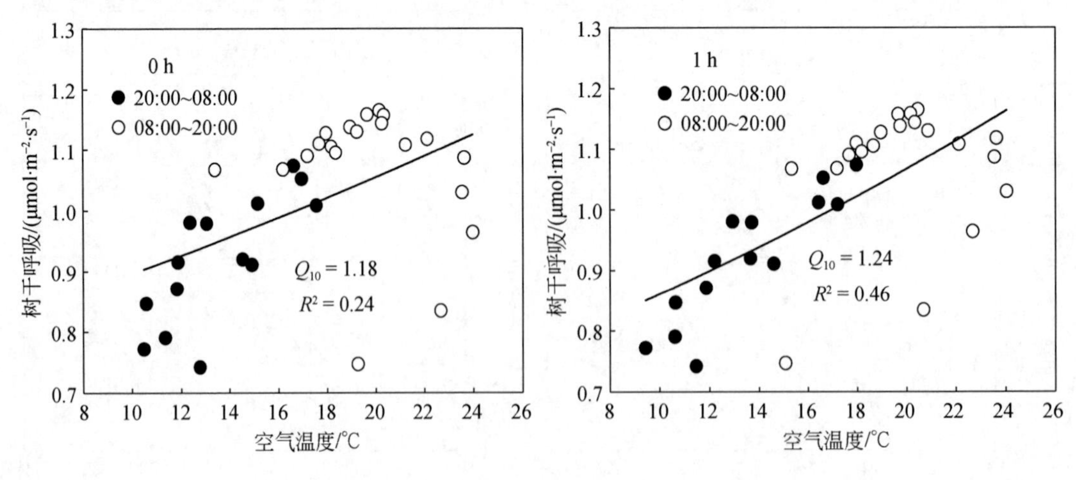

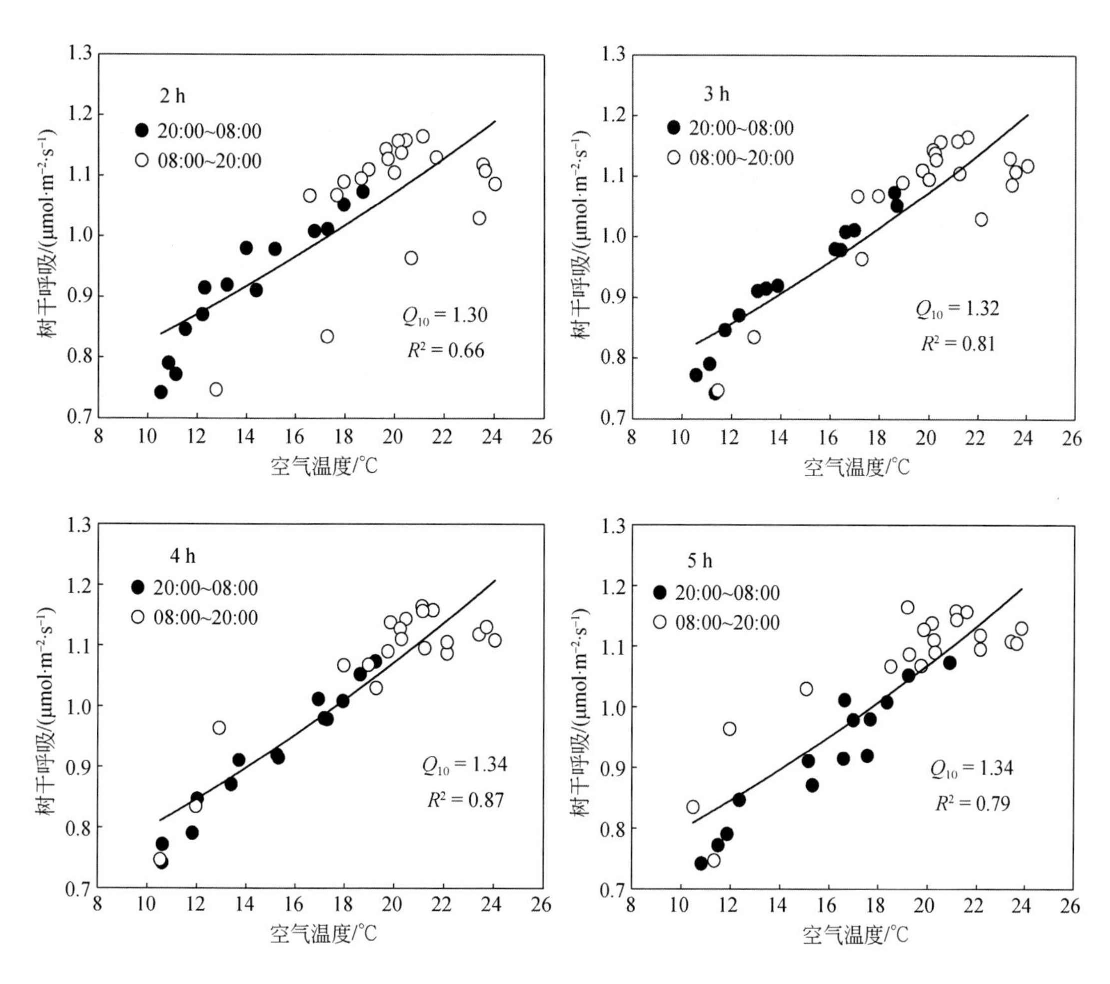

图 4.3　树干呼吸与不同滞后时间气温的关系

4.4　讨论与分析

树干呼吸的表观 Q_{10}受树干温度的测定深度影响，因为树干温度的变化幅度和相位均随温度的测定深度变化而变化。本章研究发现随着树干温度的测定深度的增加，树干温度的日变化幅度逐渐减少（图 4.1），采用该深度的树干温度和树干呼吸拟合，所得到的表观 Q_{10}必将随着深度的增加而变大（图 4.2），表观 Q_{10}从树干表面（0cm）的 1.41 增加到深 7cm 时的 2.09，表明温度的测定深度会给 Q_{10}的模拟带来一定偏差。不同学者测定树干温度的深度明显不同，从 0.3cm 到 2cm 变化（Zha et al.，2004；Bowman et al.，2005；Saveyn et al.，2007a；王淼等，2008；Araki et al.，2010；Maier et al.，2010；Wang et al.，2010），具有很大的人为性，这部分造成了表观 Q_{10}存在的变异，因此限定了比较不同物种、不同样地间树干呼吸 Q_{10}的能力。

为了更准确地模拟树干呼吸 Q_{10}，必须寻求最佳树干温度的测定深度。树干呼吸指的是木质组织中活细胞的呼吸，主要包括韧皮部、形成层和部分木质部（Stockfors，2000），这些组织处于树干的不同深度，由于热量的传导，其温度也存在差异，因此寻求合适的温度测定深度就要求该深度的温度可以很好地代表整个呼吸组织的温度。本章表明 3cm 深是测定树干温度的最佳深度，因为树干呼吸和树干温度之间拟合方程的 R^2 最高，为 0.98，而且树干呼吸和树干温度之间不存在滞后效应。在本章中，其他深度，尤其是 0cm 和 7cm 深的树干温度和呼吸之间滞后明显，表现为不同时间相同温度下树干呼吸明显不同（温度和呼吸之间作图呈现为明显的椭圆）。许多学者都发现树干呼吸与温度之间存在一定的滞后，滞后时间从十几分钟到几小时（Ryan et al.，1995；Lavigne et al.，1996；Bosc et al.，2003；Saveyn et al.，2008a）。例如，Ryan 等（1995）研究发现树干呼吸和树干温度之间时间滞后可以达到 5h。本章中，不同深度的树干温度没有连续数据，所以并没有推算滞后时间。但是拟合树干呼吸和气温的关系发现，当呼吸滞后于温度 4h 时，R^2 达到最高（图 4.3）。滞后效应的一个主要原因就是树干温度测定点的温度并不能很好地代表整个树干的温度（Stockfors，2000），因此建议呼吸温度之间没有滞后效应，并且 R^2 最高时的温度测量深度为最佳测量深度。

第5章　森林生态系统土壤呼吸动态变化及其影响因子

5.1　引　　言

土壤呼吸是森林生态系统碳循环的重要组成部分，占生态系统呼吸的60%～80%（Gaumont-Guay et al.，2009；Xu et al.，2001）。由于地下碳循环过程存在很大的不确定性（Smith and Fang，2010），因此土壤呼吸研究受到极大的关注。精确地测定土壤呼吸并确定影响土壤呼吸的因子依然是一个极大的挑战。

许多研究已经发现温度和水分是影响土壤呼吸最为重要的因子（Davidson et al.，1998；Yuste et al.，2003）。尽管如此，温度和水分影响土壤呼吸的内在机制是不同的。温度能够影响光合产物的供应（Davidson et al.，2006），以及植物根系（Atkin and Tjoelker，2003）和微生物（Davidson and Janssens，2006）的活性，进而影响土壤呼吸（Kirschbaum，2006）。而土壤水分可以改变根系和土壤微生物的生理过程，影响基质和氧气的扩散（Luo and Zhou，2006），进而影响土壤呼吸（Nikolova et al.，2009）。所以通常情况下，土壤呼吸随着温度的增加呈指数增加趋势（Xu and Qi，2001a），而随着水分的增加呈抛物线变化，即土壤呼吸随着水分的增加先增加，当达到最大值后随着水分的继续增加土壤呼吸反而下降（Tang and Baldocchi，2005）。鉴于土壤呼吸对温度和水分的不同响应模式及其内在影响机制的差异，为了更好更准确地模拟全球变化背景下的土壤呼吸，我们需要分离温度和水分对土壤呼吸的影响。

对寒带森林而言，温度是影响土壤呼吸的最主要的因子，土壤水分所起作用相对较小（Khomik et al.，2006）。相反，对热带森林而言，土壤水分是决定土壤呼吸至关重要的因素，而土壤温度的作用经常被忽略（Cleveland et al.，2010）。在受季风控制的区域，温度和水分的作用同样重要。尽管如此，在东亚季风区，由于雨热同期，土壤水分的作用经常被忽视（Sheng et al.，2010；Zhu et al.，2009）。Lee等（2010）对处于东亚季风区的韩国中部森林生态系统的土壤呼吸进行研究发现，除了温度以外，土壤水分也起着重要的作用，土壤呼吸随着土壤水分的减少而显著下降。在全球变暖背景下，这一地区的降雨模式将发生很大的变化，干旱的频率和强度有可能增加。尽管如此，人们对季风区土壤呼吸与土壤温度和水分的关系的理解还是十分有限的。

本章依然以在鸡公山国家级自然保护区内选取的三个典型森林生态系统，包括麻栎林、马尾松林和火炬松林，作为研究对象，对土壤呼吸进行了连续两年的测定。本章研究的目的是：①比较不同森林类型间土壤呼吸的差别；②分离土壤温度和水分对土壤呼吸的影响。

5.2 材料与方法

5.2.1 样地概况

2008 年 8 月底在麻栎林（ML）、马尾松林（MWS）和火炬松林（HJS）分别建立一个 30m×30m 的样地。麻栎林是天然次生林，马尾松林和火炬松林是人工林。三块样地的植被特征见表 3.1。相比于马尾松林样地，麻栎林样地和火炬松林样地有着更深的土壤，三块样地平均土壤深度分别为 14±2.21cm、32±4.23cm 和 35±6.24cm。土壤碳含量、土壤氮含量和土壤 pH 见表 5.1。

表 5.1 麻栎林、马尾松林和火炬松林样地的土壤特征

土壤深度/cm	样地	土壤碳含量/($g \cdot kg^{-1}$)	土壤氮含量/($g \cdot kg^{-1}$)	C/N	土壤 pH
0～10	ML	32.60±0.69ab	2.31±0.05a	14.14±0.58b	4.80±0.15a
	MWS	27.45±2.23b	1.47±0.12b	18.72±0.93a	5.13±0.25a
	HJS	37.62±1.46a	2.67±0.25a	14.32±1.19b	4.92±0.19a
10～20	ML	9.92±1.50b	0.98±0.20b	10.57±1.31a	4.95±0.19a
	MWS	10.53±1.98b	0.75±0.11b	13.94±1.16a	4.92±0.18a
	HJS	22.19±1.82a	1.82±0.45a	12.08±0.92a	5.14±0.19a

注：不同的小写字母代表着三块样地间的差异（$P<0.05$）

5.2.2 土壤呼吸和温度、水分的测定

2008 年 8 月底在麻栎林、火炬松林和马尾松林样地各布设了 20 个土壤 PVC 环，PVC 环内径 10.1cm，高 5cm，插入土壤中 3cm，并将环内的杂草轻轻拔掉。从 2008 年 9 月～2010 年 8 月，采用 LI-6400 的土壤呼吸叶室，每月定期测定土壤呼吸（图 5.1）。

通常情况下，从早上日出到傍晚日落不断循环测定土壤呼吸，保证所有 PVC 环每天测定 3～5 个循环。2009 年 1 月对 20 个土壤环分别进行了断根、去凋落物等处理。每种处理包括 5 个土壤环，共四种处理，即对照（CK）、断根（NR）、去凋落物（NL）和既去凋落物又断根（NLNR）。本章分析只包括对照的 5 个土壤环。

在测定土壤呼吸的同时，利用 LI-6400 配套的温度探头测定 5cm 深的土壤温度。测定土壤呼吸的当日取 0～20cm 的土样混合均匀，带回实验室测定土壤水分。2009 年后改用时域反射计（TDR）测定土壤水分。此外，火炬松林和马尾松林各安装有自动气象站（AR5，Inc. AVALON，USA），5cm 和 20cm 深的土壤温度和 20cm 深的土壤水分被连续测定，同时气温、辐射、风速等气象指标也被连续监测（图 5.1）。

图 5.1　土壤呼吸测定及自动气象站

5.2.3　土壤采样和室内分析

2008 年 8 月，用土钻在所建立的三块样地随机采集土样。每个样地采集 8 钻，采集的土样分为 0～10cm 和 10～20cm 两层，充分混匀，自然风干，过 2mm 筛后保存，以备化学分析。土壤有机碳的测定采用重铬酸钾外加热法，首先用盐酸处理 16～24h 去掉无机碳，然后再在 105℃下烘干 3h，接着用重铬酸钾–硫酸溶液氧化土壤有机碳，最后剩余的重铬酸钾用硫酸亚铁来滴定。土壤氮含量的测定采用标准的凯氏定氮法。土壤 pH 采用 pH 计测定，水土比为 1∶5。

5.2.4 数据分析

土壤呼吸与温度的关系采用指数模型拟合：

$$R_s = a\mathrm{e}^{bT_s} \tag{5.1}$$

式中，R_s和T_s为土壤呼吸和土壤温度；a和b为拟合的参数。将整个研究期分为两年（2008年9月~2009年8月和2009年9月~2010年8月）来分别拟合。

通常情况下，采用Q_{10}来表征土壤呼吸的温度敏感性：

$$Q_{10} = \mathrm{e}^{10b} \tag{5.2}$$

为了检验非温度因素对土壤呼吸的影响，通过式（5.3）将土壤呼吸校正到15℃时，然后分析标准温度下土壤呼吸与其他因子的关系：

$$R_{15} = R_s / \mathrm{e}^{b(T_s-15)} \tag{5.3}$$

此外，采用式（5.4）来拟合土壤呼吸与温度和水分的共同关系：

$$R_s = a\mathrm{e}^{bT_s}\mathrm{SWC}^c \tag{5.4}$$

式中，SWC为土壤水分；c为拟合的参数。

全年土壤呼吸通过拟合的式（5.4）和连续的土壤温度和土壤水分数据来拟合。由于麻栎林没有安装气象站，因此用麻栎林样地实测的温度、水分数据和火炬松林气象站对应时刻的数据做回归，发现相关性很好。通过该回归方程，得到麻栎林中连续的土壤温度和土壤水分数据，进而拟合麻栎林的年土壤呼吸量。数理统计和非线性回归采用SPSS 17.0软件完成，作图使用SigmaPlot 10.0软件实现。

5.3 研究结果

5.3.1 土壤呼吸季节变化

三块样地土壤呼吸的季节动态如图5.2。土壤呼吸的季节动态与土壤温度的季节动态基本一致。也就是说，温度是影响土壤呼吸的首要因子。土壤呼吸和土壤温度都表现为夏季高而冬季低。夏季土壤温度高时，一般达到25℃，土壤呼吸数值也相对较高，达到3~4.5μmol · m^{-2} · s^{-1}，不同生态系统有所差别，但波动也相对较大。整个研究期，火炬松林和麻栎林样地在2007年7月达到最大值，分别为4.05±0.49μmol · m^{-2} · s^{-1}和3.12±0.19μmol · m^{-2} · s^{-1}，而马尾松林则在2007年8月达到最大，为2.84±

0.20μmol · m^{-2} · s^{-1}。方差分析表明三块样地土壤呼吸最大值间差异统计显著（$P<0.05$）。冬季土壤温度低时，一般会低到 5℃，此时土壤呼吸也低，三块样地均约为 0.5μmol · m^{-2} · s^{-1}，方差分析表明最小值差异不显著（$P>0.05$）。整体而言，土壤水分含量表现为冬季高而夏季低，与土壤温度呈负相关。马尾松林土壤水分有着更大的季节变率。除了两次极端干旱事件外（2009 年 10 月和 2010 年 7 月），土壤呼吸的变化与土壤温度基本平行，有着很好的相关性。

2009 年 10 月和 2010 年 7 月发生两次干旱事件。火炬松林、马尾松林和麻栎林三块样地 2009 年 11 月的土壤含水量分别为 8.49%、3.37% 和 6.04%，2010 年 7 月的土壤含水量分别为 8.31%、5.04% 和 6.16%。干旱显著降低了土壤呼吸。方差分析表明三块样地在 2009 年 10 月的土壤含水量和土壤呼吸要显著低于 2008 年 10 月所对应的值（$P<0.05$）。火炬松林、马尾松林和麻栎林三块样地在 2009 年 10 月的土壤呼吸仅仅是 2008 年 10 月相应土壤呼吸的 65.9%、43.3% 和 53.0%。相似的，2010 年 7 月的土壤呼吸也比 2009 年 7 月相应的值显著低（$P<0.05$）。由于干旱，火炬松林的土壤呼吸从 2009 年 7 月的 4.68μmol · m^{-2} · s^{-1}降低到 2010 年 7 月的 1.62μmol · m^{-2} · s^{-1}。马尾松林和麻栎林样地则分别从 1.98μmol · m^{-2} · s^{-1}降到了 1.04μmol · m^{-2} · s^{-1}和从 3.23μmol · m^{-2} · s^{-1}降到了 2.03μmol · m^{-2} · s^{-1}。

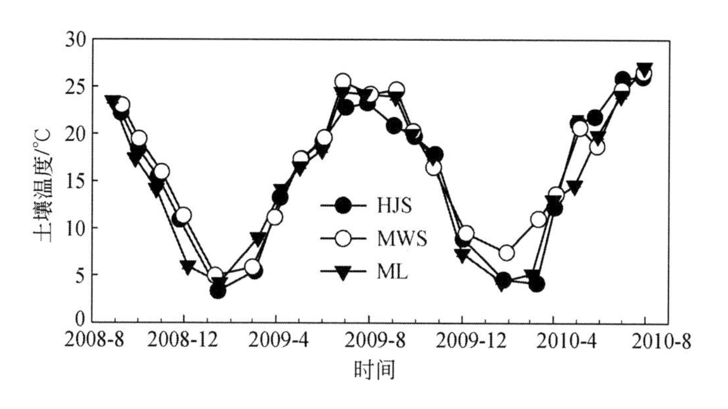

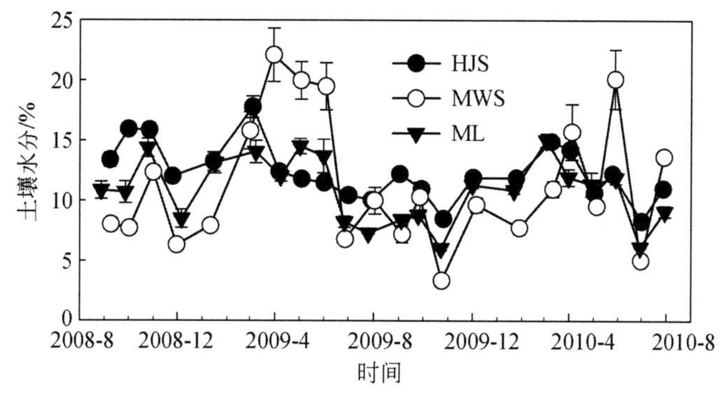

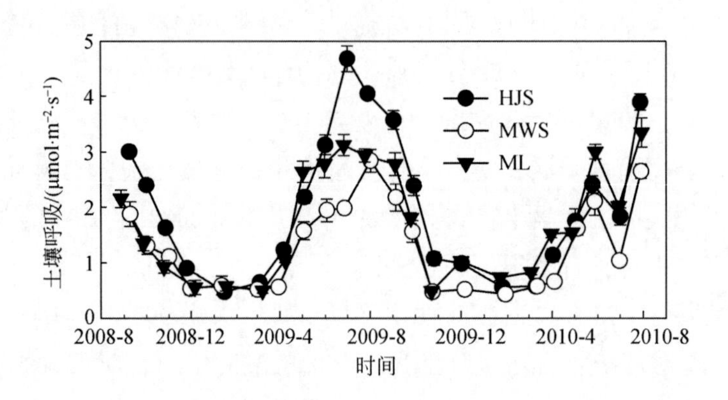

图 5.2　三块典型样地土壤温度、土壤水分和土壤呼吸的季节动态

5.3.2　土壤温度和土壤水分对土壤呼吸的影响

土壤温度是土壤呼吸的首要影响因子，将两年内的土壤呼吸和对应的土壤温度进行非线性拟合发现，在三块样地中土壤呼吸均随着 5cm 深的土壤温度呈指数增加趋势（图 5.3）。研究期的第一年（2008 年 9 月 ~2009 年 8 月）土壤温度决定了土壤呼吸季节变率的 75.3% ~93.8%，研究期的第二年（2009 年 9 月 ~2010 年 8 月）土壤温度决定了土壤呼吸季节变率的 56.5% ~62.5%（表 5.2）。三块样地的土壤呼吸对温度变化的响应是不同的，火炬松林的土壤呼吸在研究期的第一年有着最高的 Q_{10}，在第二年 Q_{10} 则为三块样地中最低的。尽管如此，当分析第二年的数据时排除掉受干旱影响的数据后发现，火炬松林的 Q_{10} 又变成了最大值。此外，研究发现在数据分析中排除掉受干旱影响的数据后，火炬松林的 Q_{10} 从 1.822 增加到 2.271，马尾松林的 Q_{10} 从 2.034 增加到 2.181，但是在麻栎林中 Q_{10} 几乎没有变化。

除土壤温度外，土壤水分也影响土壤呼吸。相比于单因素（温度）指数方程［式（5.1）］，在方程中加入土壤水分因素［式（5.4）］可以显著提高回归方程中的 R^2，尤其是对于研究期的第二年（表 5.2），这充分说明了土壤水分对土壤呼吸的重要性。为了分离土壤温度和土壤水分对土壤呼吸的影响，依据式（5.3），将土壤呼吸校正到 15℃，然后拟合基础呼吸和土壤水分的关系。发现二次方程中的 R^2 最高，尽管火炬松林的 P 值没有达到显著水平，但是马尾松林和麻栎林以及将三块样地的数据综合起来发现 P 值都达到了显著水平（图 5.4）。三块样地基础呼吸都随着土壤水分的增加呈现先增加后降低的趋势，表明土壤水分过低和过高会抑制土壤呼吸。

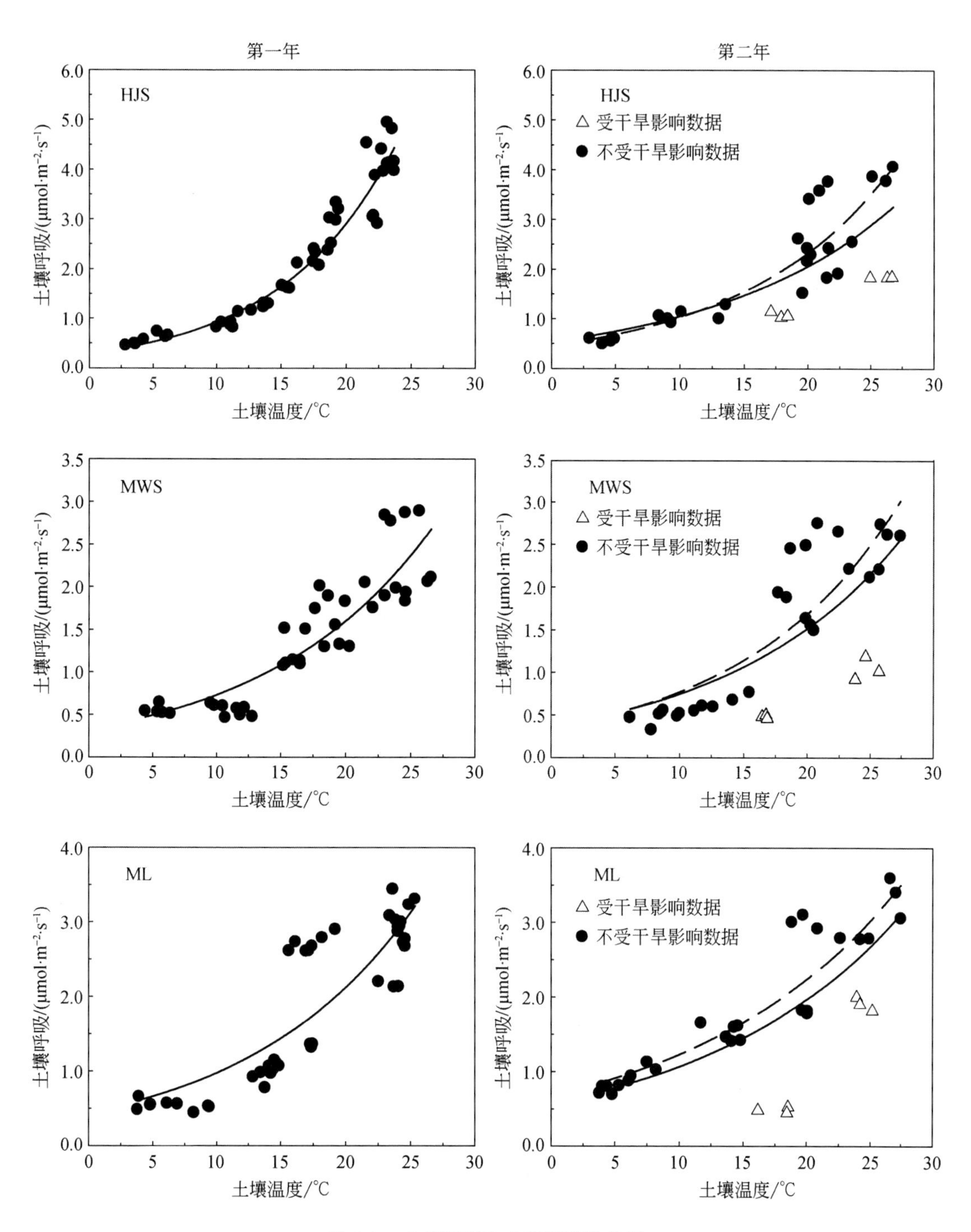

图 5.3　土壤呼吸和土壤温度的关系

表 5.2　三块样地土壤呼吸和温度水分拟合方程的参数

样地	研究时间	n	$R_s=ae^{bT_s}$					$R_s=ae^{bT_s}SWC^c$			
			a	b	R^2	R_{15}	Q_{10}	a	b	c	R^2
HJS	2008 年 9 月～2009 年 8 月	48	0.297	0.114	0.938	1.642	3.127	0.811	0.107	-0.353	0.947
	2009 年 9 月～2010 年 8 月	33(27)	0.534(0.453)	0.068(0.082)	0.606(0.828)	1.313(1.550)	1.822(2.271)	0.002	0.100	1.965	0.839
MWS	2008 年 9 月～2009 年 8 月	41	0.333	0.078	0.790	1.073	2.181	0.076	0.102	0.414	0.872
	2009 年 9 月～2010 年 8 月	31(27)	0.367(0.351)	0.071(0.078)	0.565(0.776)	1.065(1.131)	2.034(2.181)	0.100	0.078	0.502	0.728
ML	2008 年 9 月～2009 年 8 月	41	0.450	0.078	0.753	1.450	2.181	0.134	0.093	0.393	0.770
	2009 年 9 月～2010 年 8 月	31(24)	0.579(0.676)	0.061(0.060)	0.625(0.864)	1.446(1.663)	1.840(1.822)	0.032	0.083	1.115	0.870

注:括号内的数据代表去除受干旱影响的数据后拟合方程的参数

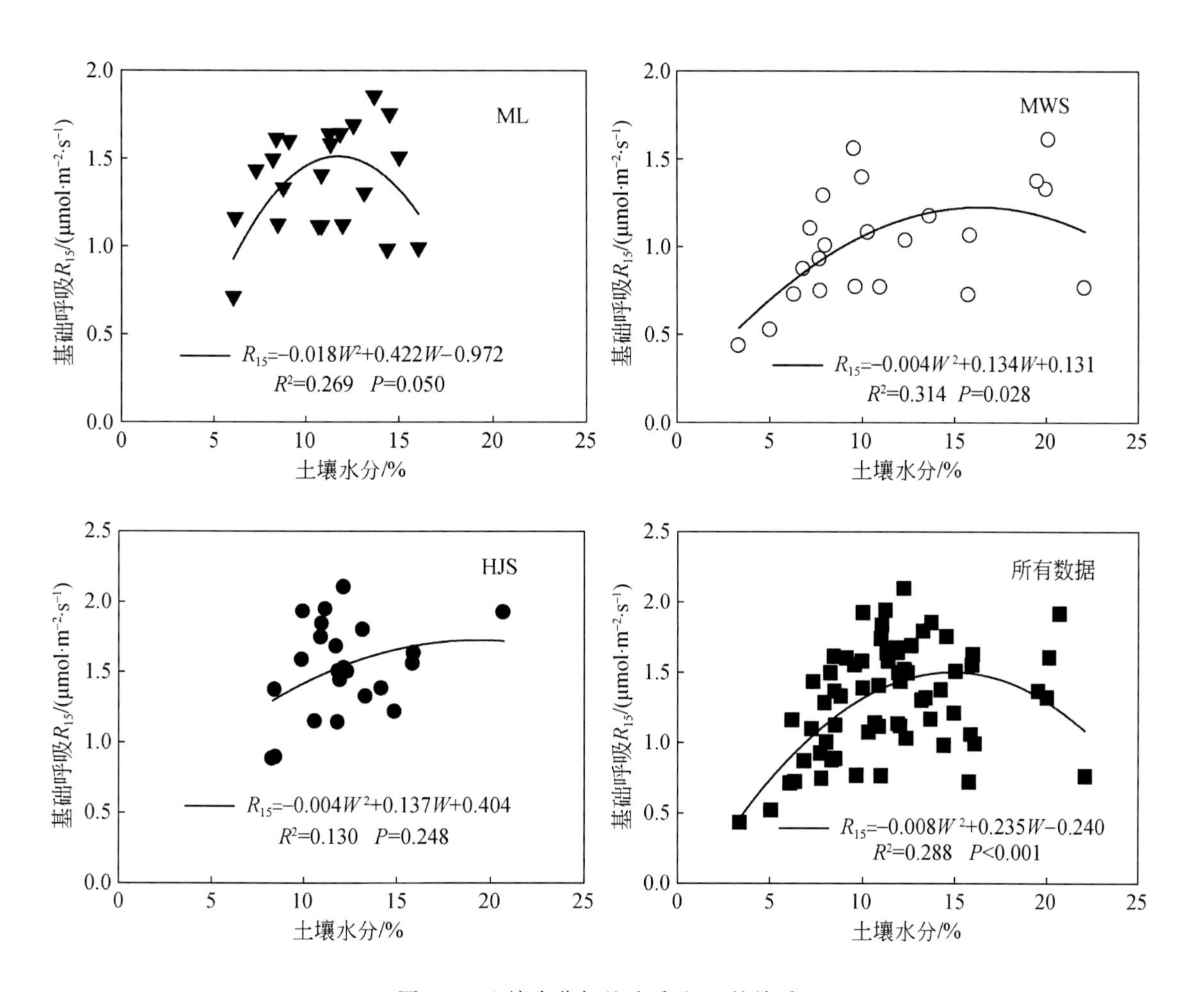

图5.4 土壤水分与基础呼吸 R_{15}的关系

5.3.3 三块样地的土壤特征和土壤呼吸的比较

表5.1显示了三块样地两个层次的土壤碳含量、土壤氮含量和土壤pH。方差分析表明火炬松林0～10cm深的土壤碳含量显著地高于马尾松林（$P<0.05$），而麻栎林0～10cm深的土壤碳含量与火炬松林和马尾松林相比，统计均不显著（$P>0.05$）。对10～20cm深的土壤碳含量而言，火炬松林均显著高于马尾松和麻栎林（$P<0.05$）。对10～20cm深的土壤而言，火炬松林的土壤氮含量显著高于马尾松林和麻栎林（$P<0.05$）。在两个深度的土壤，三块样地的土壤pH均统计不显著（$P>0.05$）。

火炬松林、麻栎林和马尾松林三块样地土壤呼吸在整个研究时期内的平均值分别为2.07±0.32μmol · m^{-2} · s^{-1}、1.80±0.34μmol · m^{-2} · s^{-1}和1.38±0.45μmol · m^{-2} · s^{-1}。依据拟合的方程以及连续的土壤温度和土壤水分含量数据估算年土壤呼吸量，结果表明三块样地的年累计土壤呼吸分别为781.10±45.66g C · m^{-2} · a^{-1}、617.36±82.68g C · m^{-2} · a^{-1}和400.75±88.66g C · m^{-2} · a^{-1}（表5.3）。无论是平均土壤呼吸还是估算的年累计土壤呼吸，火炬松林均明显高于马尾松林。麻栎林的年累计土壤呼吸比火炬松林的年累计土壤呼吸低21%，是马尾松林年累计土壤呼吸量的1.5倍。平均土壤呼吸与土壤碳含量和土壤氮含量均呈正相关（图5.5）。

表5.3　三块样地土壤深度、土壤温度、土壤水含量以及土壤呼吸的比较

样地	HJS	MWS	ML
土壤深度/cm	32±4.23a	14±2.21b	35±6.24a
平均土壤温度/℃	16.11±0.50a	17.08±0.32b	16.58±0.10ab
土壤水分/%	12.30±0.57a	12.03±0.54a	10.59±1.75a
平均土壤呼吸/(μmol · m^{-2} · s^{-1})	2.07±0.32a	1.38±0.45b	1.80±0.34ab
年累计土壤呼吸/(g C · m^{-2} · a^{-1})	781.10±45.66a	400.75±88.66b	617.36±82.68ab

注：不同小写字母代表三块样地间的显著差异（$P<0.05$）。

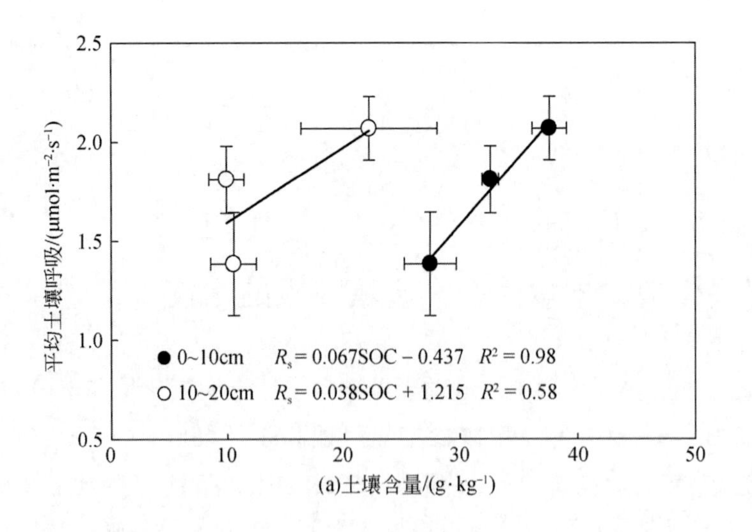

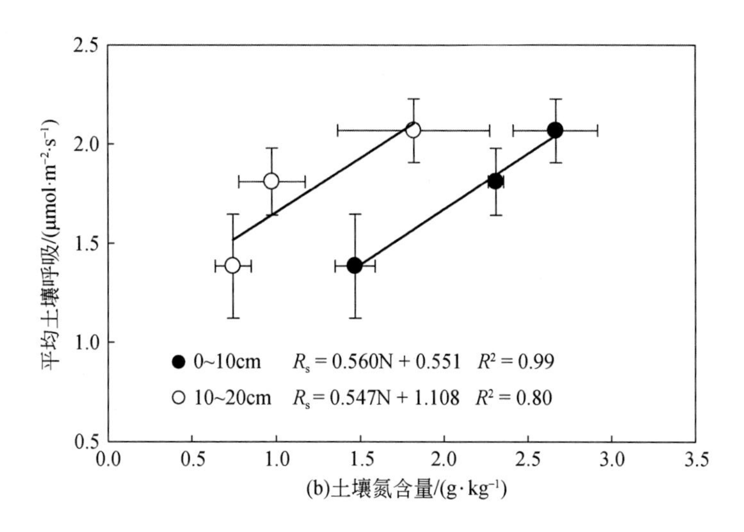

图 5.5　土壤呼吸与土壤碳含量和土壤氮含量的关系

5.4　讨论与分析

在三种不同类型的森林生态系统中，土壤呼吸均与土壤温度呈指数关系，表明土壤温度是影响土壤呼吸的最主要的因素。对研究期的第一年和第二年，土壤温度均决定了土壤呼吸的大部分季节变率。对研究期的第二年，排除掉受干旱影响的数据后，回归方程的 R^2 会显著增加（表 5.2）。此外，在回归方程中加入水分因素后［式（5.4）］，R^2 也显著增加，尤其是研究期的第二年。所有这些结果都表明，除了土壤温度外，土壤水分，尤其是干旱也是一个影响土壤呼吸的重要因素。Lee 等（2010）和 Nikolova 等（2009）也报道了极端干旱显著降低了土壤呼吸。为了更好地理解土壤水分和土壤呼吸的关系，本章分析了土壤水分和土壤基础呼吸（将土壤呼吸校正到 15℃）之间的关系，以及分离土壤温度和水分对土壤呼吸的影响。结果表明三种类型的森林生态系统的土壤基础呼吸均随土壤水分的增加呈先增加后降低趋势，尽管火炬松林拟合方程的 $P>0.05$。本章研究结果与 Tang 和 Baldocchi（2005）的结果是一致的，他们也发现在土壤水含量低于 25% 时，校正到 25℃的土壤呼吸随着水分增加而增加，但是当土壤含水量高于 25% 时，基础呼吸随着水分的增加而下降。尽管如此，火炬松林中基础呼吸和土壤水分拟合方程的 $P>0.05$，这表明不同的生态系统，土壤呼吸对土壤水分的响应是不同的。其他研究也发现土壤呼吸对土壤水分的响应取决于植被类型（Lee et al., 2010；Nikolova et al., 2009）和土壤的机械组成（Dilustro et al., 2005）。

无论平均土壤呼吸还是估算的年累计土壤呼吸，三个森林生态系统间均存在着差异，这表明森林类型显著影响土壤呼吸。火炬松林（针叶林）的年累计土壤呼吸量比麻栎林（落叶林）高27%。相比于麻栎林，火炬松林更长的光合期可能部分贡献了火炬松林高的年累计土壤呼吸。Wang等（2006）对我国东北六个森林生态系统的土壤呼吸进行研究发现，针叶林的土壤呼吸要高于落叶林的土壤呼吸。Lee等（2010）对韩国中部的森林生态系统进行研究，也发现了类似的结果。尽管如此，本章还发现同样是针叶林的马尾松林的土壤呼吸要比麻栎林低，这可能归咎于两个森林生态系统的微生物呼吸的差异。相比马尾松林而言，麻栎林有着更厚的土层，更高的土壤碳含量和土壤氮含量（表5.3）。研究发现平均土壤呼吸和土壤碳含量和土壤氮含量均呈正相关（图5.5）。其他一些研究也得出了与本章研究相似的结果，他们同样发现土壤呼吸随着土壤有机碳含量的增加而增加（Chen et al.，2010；Sheng et al.，2010）。Aber等（1998）指出在氮限制的生态系统中施氮肥可以刺激土壤微生物的活性，进而增加土壤呼吸。土壤呼吸和土壤氮含量的正相关关系也有报道（Chen et al.，2010）。

研究期的第一年，三块样地的土壤呼吸年 Q_{10} 为2.181～3.127，第二年的 Q_{10} 为1.822～2.034，均处于Zheng等（2009）研究中国34个生态系统发现土壤呼吸的 Q_{10} 为1.28～4.75的范围。本章研究结果显示干旱不仅影响土壤呼吸，还影响土壤呼吸的 Q_{10}。当受干旱影响的数据被排除分析后，研究发现火炬松林土壤呼吸的年 Q_{10} 从1.822增加到了2.271，马尾松林土壤呼吸的年 Q_{10} 从2.034增加到2.181。排除干旱数据后年 Q_{10} 的增加表明了土壤干旱混淆了土壤呼吸对温度的响应。Li等（2008）和Yuste等（2003）研究也发现了类似的结果。干旱可以增加植物根系的死亡率，降低微生物的活性，影响基质的有效性，因此也降低了土壤呼吸和土壤呼吸对温度的响应（Nikolova et al.，2009）。也有研究发现低的土壤水分显著降低了土壤呼吸的 Q_{10}（Janssens and Pilegaard，2003；Jassal et al.，2008；Xu and Qi，2001b）。

第 6 章　断根和去凋落物处理对土壤呼吸的影响

6.1　引　　言

土壤呼吸是陆地生态系统碳循环的一个重要组成部分，是 CO_2 由陆地生态系统进入大气的最主要途径（Raich and Schlesinger，1992；方精云和王娓，2007）。模型估算每年由土壤呼吸向大气中释放 70 ~ 82Pg 碳，占生态系统呼吸的 60% ~ 90%（Schimel，1995；Raich and Potter，1995；Schlesinger and Andrews，2000；Raich et al.，2002）。因此土壤呼吸或者土壤碳库一个小的变化都会影响大气 CO_2 的浓度（Schlesinger and Andrews，2000；Eliasson et al.，2005）。土壤呼吸包括来自根系的自养呼吸和来自土壤微生物和动物的异养呼吸，且异养呼吸又可划分为对凋落物分解和对土壤有机质分解（Högberg et al.，2001；Scott-Denton et al.，2006）。地上凋落物分解是土壤呼吸的重要组分，是土壤呼吸的重要调节者（Sulzman et al.，2005；DeForest et al.，2009）。Rey 等（2002）发现地上凋落物呼吸可以占到土壤总呼吸的 21.9%，Wang 等（2009）发现这个比例可以高达 33%。根呼吸在土壤呼吸中更是起着举足轻重的作用，有研究发现 63% 的光合产物分配到了地下组织，而其中 75% 又通过根呼吸释放到大气中（Högberg and Högberg，2002）。Hanson 等（2000）综述了根呼吸对土壤呼吸的贡献，发现这个比例在 10% ~ 90%。因此，为了更好地理解土壤呼吸各组分对气候变化的响应与适应，更加准确地评估森林生态系统的碳汇功能，我们需要精确估算土壤的固碳潜力，分离土壤呼吸各组分。

目前，估算土壤呼吸的各组分还存在很大的不确定性（Hanson et al.，2000），其主要原因之一就是没有一个理想的方法可以准确区分土壤呼吸各组分（Subke et al.，2006）。区分土壤呼吸的方法有多种，但是各有利弊（Ryan and Law，2005；Kuzyakov，2006；Subke et al.，2006）。壕沟法是最为简单而且成本比较低的区分根呼吸和微生物呼吸的方法之一（Hanson et al.，2000；Subke et al.，2006）。该方法通过在样方周围挖掘壕沟以阻断植物根系对样方内土壤呼吸的影响，其基本假设是样方内被切断的根系短期内死亡分解，此后所测定的土壤呼吸便认为是土壤微生物呼吸，而对照和断根处理的土壤呼吸的差值即根呼吸。土壤植物是个连续体，人为切断根系可能会对自养呼吸和异养呼吸的分离造成一定的偏差。断根以后可能扰动样方内的环境条件，如土壤水分可能会增加（Rey et al.，2002；Ngao et al.，2007）；切根造成的根系的死亡分解可能高估异养呼吸（Lee et al.，2003；Ngao et al.，2007），土壤微生物群落也可能发生变化等（Kuzyakov，2006）。分离凋落物分解和土壤有机质呼吸的常用方法是去除凋落物法，即人为地将样方内凋落物层以及新凋落的叶子等去掉，所测定的呼吸与对照的差别即凋落物分解。该方法对土壤微环境改变更大，而且目前研究凋落物和土壤有机质之间有很明显的激发效应（Sayer et al.，2007；Dilly and Zyakun，2008；Crow et al.，2009），这些都严重限制了凋落物分解估算的准确性。因此，在分离土壤呼吸各组分时，为了更准确地估算各组分对土壤呼吸的贡献，有必要充分考虑这些影响因子，尽量校正其对土壤呼吸分离造成的偏差。

土壤呼吸的各组分由不同的内在机制所驱动，因此对环境因子的响应是不同的（Boone et al.，1998；Giardina and Ryan，2000；Bhupinderpal et al.，2003；Scott-Denton et al.，2006）。例如，Boone 等（1998）发现相比于土壤微生物呼吸和凋落物分解，根呼吸对温度更加敏感。在桦树和石楠（Grogan and Jonasson，2005）、云杉林（Gaumont-Guay et al.，2008）和混交林（Ruehr and Buchmann，2010）中相似的结果也被观测到，甚至有研究发现根呼吸 Q_{10} 接近土壤微生物呼吸 Q_{10} 的两倍（Schindlbacher et al.，2008）。尽管如此，也有研究发现土壤微生物呼吸 Q_{10} 要高于根呼吸 Q_{10}（Rey et al.，2002；Nikolova et al.，2009）。土壤水分对土壤呼吸各组分的影响也不尽相同。一些学者发现土壤水分显著影响土壤呼吸各组分（Rey et al.，2002；Scott-Denton et al.，2006），也有研究发现土壤水分对土壤呼吸组分的影响不大（Bond-Lamberty et al.，2004b）。因此，为了更好地认识与理解土壤呼吸不同组分对环境因子的响应，我们需要加强不同气候区不同森林生态系统土壤呼吸的研究（Wang and Yang，2007）。

本章研究依然以在鸡公山国家级自然保护区内选取的三个典型的森林生态系统，包括麻栎林、马尾松林和火炬松林，作为研究对象。本次研究进行了断根和去凋落物处理，并对土壤呼吸进行了连续两年的测定。本章研究目的是：①分析断根和去凋落物对土壤呼吸的影响；②探讨土壤呼吸不同组分对环境因子的响应。

6.2　材料与方法

6.2.1　实验设计和土壤呼吸的测定

2008年8月在火炬松林、马尾松林和麻栎林三块样地各设置土壤呼吸环20个。2009年1月，每个样地中随机选取10个土壤环做断根处理，即挖10cm宽的壕沟，深至岩石层，一般深0.5m，放入油毡和双层塑料薄膜后，将土回填、压实，每个小样方为1m×1m。然后在断根与不断根处理中各随机选取5个土壤环进行去除凋落物处理，本章并没有在样方上方架设凋落物框，而是定期清理新的凋落物，通常情况下一个月清除一次，在树叶集中凋落期，半个月或者一个星期清除一次。因此每个样地一共四种处理（图6.1），每种处理5个土壤环。四种处理包括对照（CK）、去凋落物（NL）、断根（NR）和既去凋落物又断根（NLNR）。土壤呼吸和土壤温度测定详见5.2.2小节。

图6.1　土壤呼吸样地处理

土壤取样分为0~10cm和10~20cm两层，用直径2cm的土钻在每个样方的土壤环四周分层取四钻，将四个钻孔内所取土壤混合作为一个样品，带回实验室后过2mm筛备用。为防止在土壤环四周取土影响土壤呼吸的测定，在用土钻取土后，从样方外取土分层回填孔洞。可溶性有机碳（DOC）含量的测定使用总有机碳（Total Organin Carbon，TOC）分析仪（LiquiTOC，Inc.，Elementar，Germany）。取新鲜土壤约10g，加50mL超纯水，50℃水浴震荡后静置离心，抽滤后利用TOC分析仪分析。

6.2.2 数据分析

断根和既去凋落物又断根处理中新切断的根的分解会对呼吸的测定造成一定的误差，因此在计算根呼吸、凋落物分解和土壤有机质分解时仅仅用了2009年9月~2010年8月的数据。假定半年时间后残存的根系对整个呼吸的贡献很小，认为根呼吸为CK和断根处理测定的土壤呼吸的差值，而凋落物分解为CK和去凋落物测定的土壤呼吸的差值，有机质呼吸为既去凋落物又断根处理所测定的土壤呼吸。

统计分析采用SPSS17.0软件。由于处理土壤呼吸、土壤温度和土壤水分等变量在不同时间点上关联性很强，因此采用重复测量方差分析（repeated measure analysis of variance），将测定的时间设为重复测量项，分析时间、是否去凋落物、是否断根以及其交互作用对各变量的影响。此外，各个变量的平均值及测定的DOC含量等采用双因素方差分析（Two-way ANOVA）进行操作。

6.3 研究结果

6.3.1 土壤温度和土壤水分的季节变化

火炬松林、马尾松林和麻栎林不同处理样地（5cm深）土壤温度季节变化明显（图6.2），在夏季（7~8月）土壤温度最高，冬季（1~2月）土壤温度最低。重复测量方差分析表明（表6.1），在组间作用时，三块样地的去凋落物处理对土壤温度的影响均达到显著水平（$P<0.05$），而断根处理以及既断根又去凋落物处理的交互作用均没有显著影响土壤温度（$P>0.05$）。组内作用时，测定时间对土壤温度有着极显著的影响（$P<0.001$），此外，在火炬松林和麻栎林测定时间和去凋落物处理的交互作用对土壤温度有显著的影响（$P<0.001$），表明在不同测定时间，去凋落物处理对土壤温

度的影响是不同的。

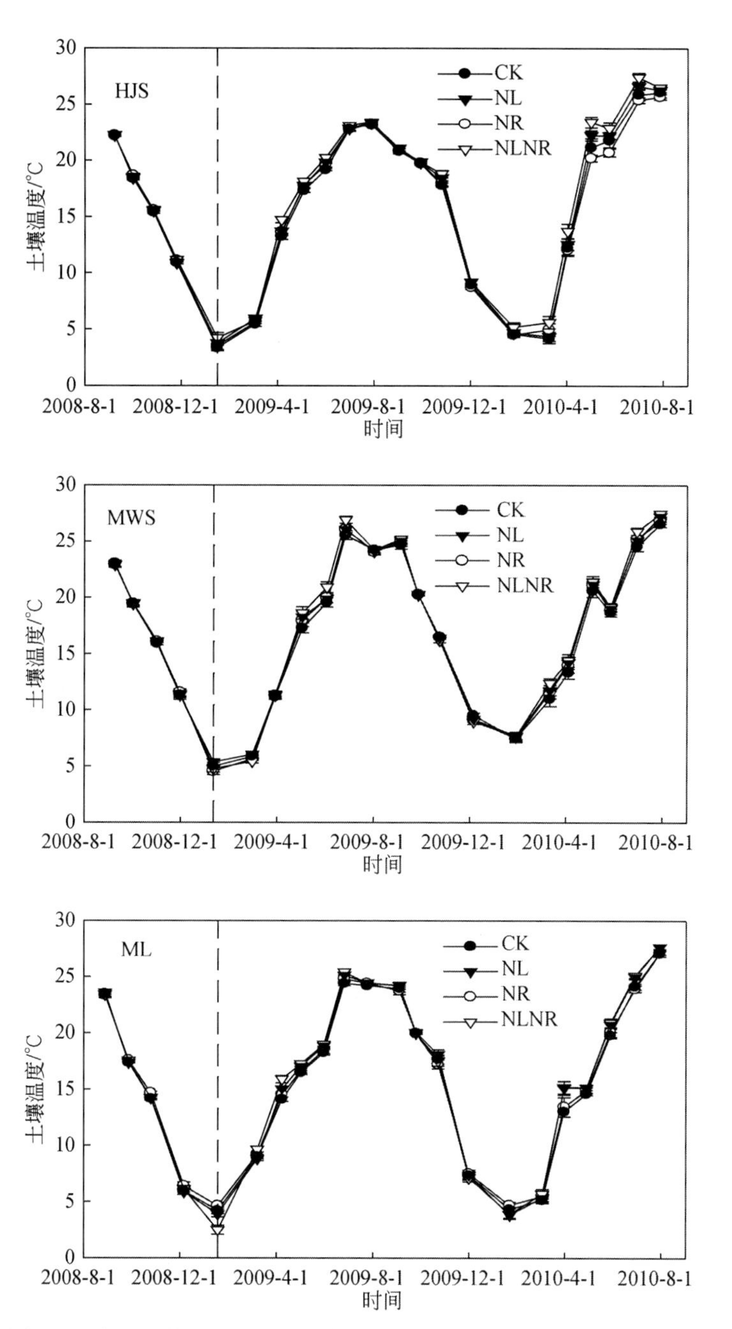

图6.2　火炬松林、马尾松林和麻栎林不同处理的土壤温度的季节变化

表 6.1　土壤温度的重复测量方差分析

来源		P		
		火炬松林	马尾松林	麻栎林
组内效应	时间	<0.001	<0.001	<0.001
	时间、NL	<0.001	0.992	<0.001
	时间、NR	0.184	0.795	0.014
	时间、NLNR	0.068	1.000	0.888
组间效应	NL	0.014	0.041	<0.001
	NR	0.369	0.154	0.075
	NLNR	0.267	0.663	0.817

土壤水分并不像土壤温度那样呈现明显的季节变化，但是 2009 年 10 月和 2010 年 7 月的两次极端干旱事件使土壤水分明显低于全年平均值（图 6.3）。重复测量方差分析表明（表 6.2），在组间作用时，断根处理对土壤水分的影响仅仅在麻栎林中显著（$P<0.05$），其平均土壤水分相比对照而言增加了 41%，而在火炬松林和马尾松林中断根处理并没有显著影响土壤水分（$P>0.05$），尽管其土壤水分相比对照而言有增加的趋势。此外，三块样地的去凋落物处理对土壤水分的影响均达不到显著水平（$P>0.05$）。在组内作用时，测定时间对土壤水分的影响显著（$P<0.05$）。

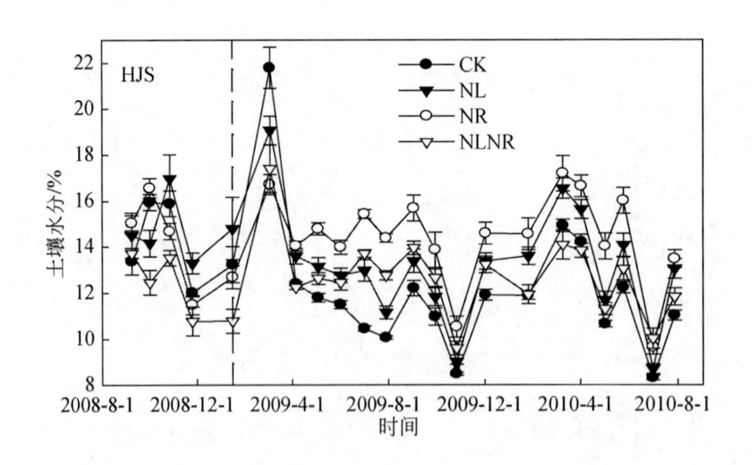

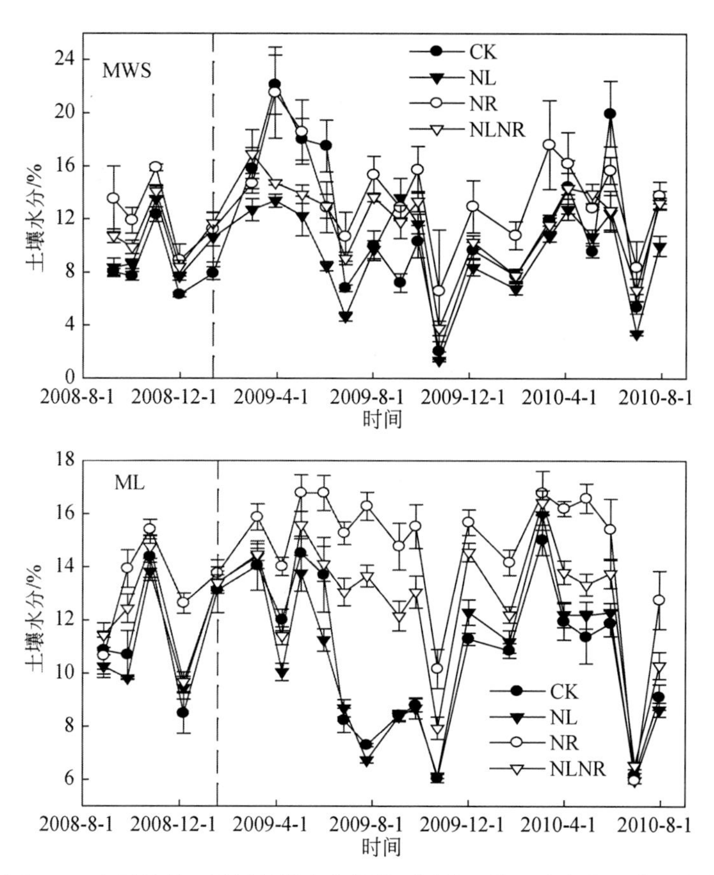

图 6.3　火炬松林、马尾松林和麻栎林不同处理的土壤水分的季节变化

表 6.2　土壤水分的重复测量方差分析

来源		P		
		火炬松林	马尾松林	麻栎林
组内效应	时间	<0.001	<0.001	<0.001
	时间、NL	0.981	0.020	0.212
	时间、NR	<0.001	0.563	<0.001
	时间、NLNR	<0.001	0.392	0.745
组间效应	NL	0.649	0.121	0.223
	NR	0.135	0.222	0.002
	NLNR	0.040	0.949	0.265

6.3.2 土壤呼吸的季节变化

火炬松林、马尾松林和麻栎林三块样地的土壤呼吸的季节动态十分明显，均为夏季（7～8月）最高，冬季（1～2月）最低（图6.4），除了两次明显的极端干旱期（2009年10月和2010年7月）外，土壤呼吸的变化基本随着温度的变化而变化（图6.4）。火炬松林经对照、去凋落物、断根、既去凋落物又断根处理的平均土壤呼吸分别为2.24±0.19μmol·m^{-2}·s^{-1}、1.31±0.19μmol·m^{-2}·s^{-1}、1.66±0.15μmol·m^{-2}·s^{-1}和1.16±0.16μmol·m^{-2}·s^{-1}。马尾松林经对照、去凋落物、断根、既去凋落物又断根处理的平均土壤呼吸分别为1.49±0.24μmol·m^{-2}·s^{-1}、0.78±0.06μmol·m^{-2}·s^{-1}、0.97±0.07μmol·m^{-2}·s^{-1}和0.64±0.15μmol·m^{-2}·s^{-1}。麻栎林经对照、去凋落物、断根、既去凋落物又断根处理的平均土壤呼吸分别为1.98±0.17μmol·m^{-2}·s^{-1}、1.29±0.09μmol·m^{-2}·s^{-1}、1.47±0.15μmol·m^{-2}·s^{-1}和1.05±0.11μmol·m^{-2}·s^{-1}。重复

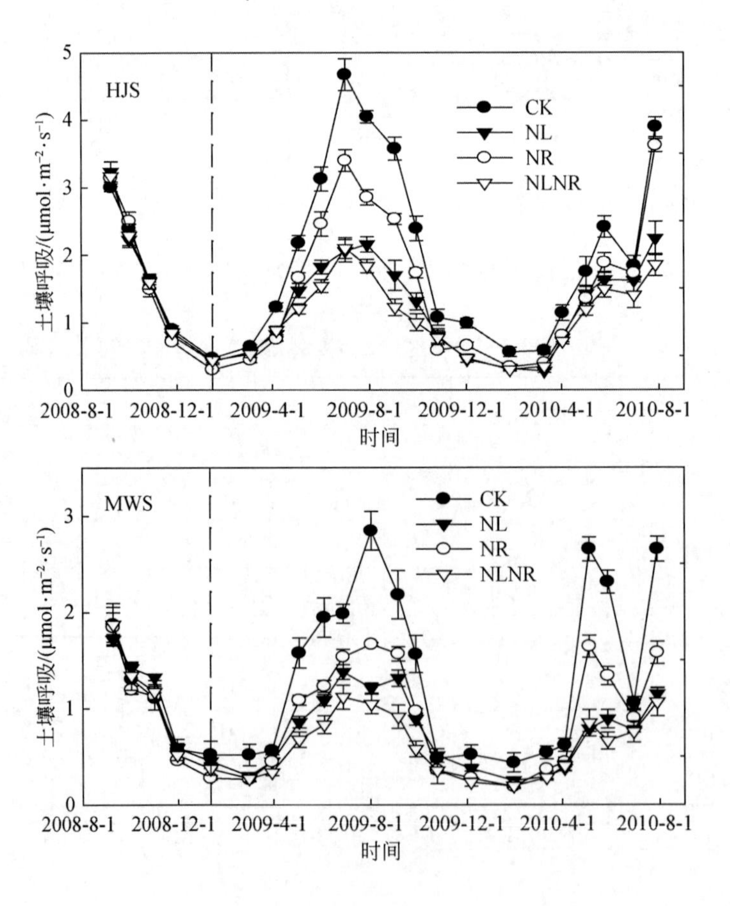

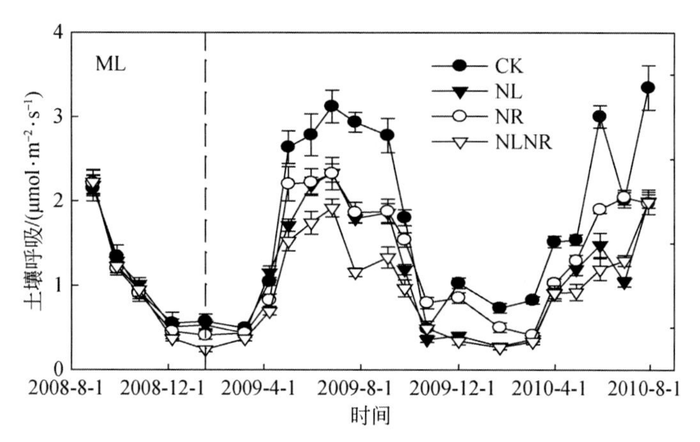

图6.4　火炬松林、马尾松林和麻栎林不同处理的土壤呼吸的季节变化

测量方差分析表明（表6.3），在组间作用时，三块样地去凋落物处理均显著影响了土壤呼吸（$P<0.05$）。而断根处理仅仅在麻栎林中达到显著水平（$P<0.05$），在火炬松林和马尾松林中，相比于对照，断根处理的呼吸分别下降了26%和34%，但是统计并不显著。在组内作用时，测定时间对土壤呼吸的影响显著（$P<0.001$），同时还发现测定时间和去凋落物、断根处理的交互作用显著（$P<0.05$），表明在不同的测定时间，土壤呼吸对不同处理有着不同的响应程度。

表6.3　土壤呼吸的重复测量方差分析

来源		*P*		
		火炬松林	马尾松林	麻栎林
组内效应	时间	<0.001	<0.001	<0.001
	时间、NL	<0.001	<0.001	<0.001
	时间、NR	0.049	<0.001	<0.001
	时间、NLNR	0.482	0.009	0.214
组间效应	NL	0.003	0.017	0.001
	NR	0.083	0.093	0.018
	NLNR	0.322	0.307	0.276

6.3.3　不同处理对表层土壤DOC的影响

2009年9月和2010年2月在三块样地中分别采集表层土壤（分为0～10cm和

10～20cm两层)，测定 DOC 含量，分析不同处理是否对其产生影响。方差分析结果表明（表6.4)，无论夏季还是冬季火炬松林和马尾松林的去凋落物和既去凋落物又断根处理的10～20cm 土壤 DOC 含量明显下降，去凋落物对其影响达到显著水平（$P<0.05$)。去凋落物对0～10cm DOC 含量的影响仅仅在火炬松夏季和马尾松冬季时统计显著（$P<0.05$)。而在麻栎林去凋落物对两个层次两个时间的 DOC 含量影响都不显著（$P>0.05$)。断根对火炬松林和马尾松林 0～10cm DOC 含量影响显著（$P<0.05$)，对10～20cm土壤 DOC 含量影响仅仅在马尾松林冬季时显著（$P<0.05$)。在麻栎林断根对两个土壤层次两个时间的 DOC 含量影响都不显著（$P>0.05$)。

表6.4 表层土壤 DOC 含量的双因素方差分析

样地	时间	土层/cm	*P*		
			NR	NL	NLNR
火炬松林	2009 年 9 月	0～10	0.006	0.017	0.560
		10～20	0.636	0.027	0.989
	2010 年 2 月	0～10	0.019	0.095	0.757
		10～20	0.068	0.014	0.012
马尾松林	2009 年 9 月	0～10	0.350	0.261	0.906
		10～20	0.534	0.016	0.189
	2010 年 2 月	0～10	0.018	0.010	0.015
		10～20	0.021	0.000	0.009
麻栎林	2009 年 9 月	0～10	0.824	0.754	0.166
		10～20	0.867	0.706	0.838
	2010 年 2 月	0～10	0.920	0.640	0.898
		10～20	0.382	0.586	0.778

6.3.4 各组分土壤呼吸对温度和水分的响应

把 CK 和 NR 处理测定的土壤呼吸的差值作为根呼吸（R_r)，把 CK 和 NL 测定的土壤呼吸的差值作为凋落物分解（R_l)，把 NLNR 处理所测定的土壤呼吸作为土壤有机质分解（R_{SOM})。把根呼吸、凋落物分解和土壤有机质分解时和与在对照样地测定的土壤呼吸做了一下比较，发现测定的土壤呼吸和计算的土壤呼吸之间有很好的相关性($R^2>0.87$)，而且斜率接近于1，尤其是火炬松林和麻栎林（图6.5)。

在研究中，温度和水分共同影响土壤呼吸的各个组分。仅仅温度一个因素并不能很好地决定呼吸的季节变化，尤其是根呼吸和凋落物分解，研究发现根呼吸、凋落物分解与温度之间拟合方程的 R^2 小于0.4（表6.5）。两次极端干旱事件显著降低了土壤呼吸，当拟合呼吸与温度之间的指数方程时排除掉这两次显著受干旱影响的数据后，发现除了麻栎林凋落物呼吸外，其他森林各组分呼吸与温度关系的 R^2 均显著升高。此外，本章发现相比单因素方程而言，采用双因素方程拟合的 R^2 显著升高（麻栎林凋落物分解除外）。这些结果均表明土壤水分也是影响各组分呼吸的一个重要的因素。凋落物分解与温度的关系比较差，尤其是麻栎林，即使在考虑水分因素后，R^2 也没有显著变化，其主要原因是凋落物分解不仅受温度、水分控制，还受凋落物的物候影响。由于麻栎林树叶集中凋落时气温已经较低，这些都影响了凋落物分解对温度的响应。

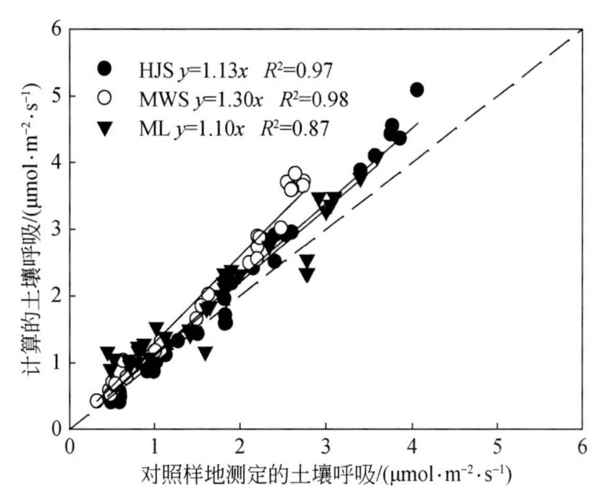

图6.5 火炬松林、马尾松林和麻栎林对照测定的土壤呼吸和计算的土壤呼吸的关系

研究发现各组分土壤呼吸的表观 Q_{10} 受土壤水分影响。在火炬松林和马尾松林中，根呼吸和土壤有机质分解的 Q_{10} 差别不大（表6.5），当在分析时去除极端干旱数据后，各组分土壤呼吸的 Q_{10} 明显升高，而且根呼吸的 Q_{10} 明显高于了土壤有机质分解的 Q_{10}。当用双因素方程拟合呼吸数据后，计算的火炬松林和马尾松林的根呼吸的 Q_{10} 显著大于土壤有机质分解的 Q_{10}。但是在麻栎林中无论考虑不考虑受干旱影响的数据，根呼吸的 Q_{10} 均低于土壤有机质分解的 Q_{10}。

表 6.5　土壤呼吸各组分和温度以及土壤呼吸各组分和温度水分拟合方程的参数

样地	土壤呼吸	$R_s=ae^{bT_s}$				$R_s=ae^{bT_s}SWC^c$				
		a	b	R^2	Q_{10}	a	b	c	R^2	Q_{10}
火炬松林	根呼吸	0.104 (0.07)	0.071 (0.102)	0.296 (0.656)	2.034 (2.773)	0.002	0.157	4.38	0.743	4.807
	凋落物分解	0.175 (0.094)	0.071 (0.112)	0.246 (0.591)	2.034 (3.065)	0.095	0.134	3.365	0.619	3.819
	土壤有机质分解	0.263 (0.223)	0.068 (0.079)	0.878 (0.956)	1.974 (2.203)	85.63	0.084	1.239	0.959	2.316
马尾松林	根呼吸	0.143 (0.129)	0.069 (0.082)	0.371 (0.68)	1.994 (2.271)	3.935	0.103	2.006	0.651	2.801
	凋落物分解	0.206 (0.199)	0.063 (0.072)	0.296 (0.483)	1.878 (2.054)	449.97	0.068	0.64	0.462	1.974
	土壤有机质分解	0.143 (0.135)	0.072 (0.076)	0.886 (0.938)	2.054 (2.138)	545.249	0.073	0.388	0.943	2.075
麻栎林	根呼吸	0.191 (0.196)	0.042 (0.054)	0.154 (0.532)	1.522 (1.716)	12.425	0.077	1.691	0.573	2.160
	凋落物分解	0.432 (0.483)	0.026 (0.019)	0.19 (0.123)	1.297 (1.209)	1716.973	0.035	0.338	0.218	1.419
	土壤有机质分解	0.223 (0.249)	0.075 (0.073)	0.87 (0.943)	2.117 (2.075)	708.612	0.084	0.405	0.914	2.316

注：括号内的数据代表去除受干旱影响的数据后拟合方程的参数

6.4　讨论与分析

研究发现经断根处理后，火炬松林、马尾松林和麻栎林的土壤呼吸分别降低了26%、34%和26%，这和其他同样采用壕沟法的研究所得结果是相似的（Lee et al., 2003；Ngao et al., 2007；Díaz-Pinés et al., 2010）。但是壕沟法也存在一些弊端，这可能给根呼吸的估算带来一些偏差。断根处理后残存的根系分解可能造成对异养呼吸的高估（Hanson et al., 2000；Kuzyakov, 2006）。通常情况下，人们在估算根呼吸对总呼吸的贡献率时，不包括刚进行断根处理后的几个月或者第一个生长季的数据，以减小由根系分解带来的估算偏差；因为通常情况下，细根分解随时间呈指数快速衰减趋势（Berg and McClaugherty, 2008），因此断根几个月后，细根分解对整个呼吸的贡献已经很小，此刻实测的土壤呼吸就是异养呼吸，因此本章在分析根呼吸对总呼吸的贡献时采用的是断根 7 个月后的数据；其他许多学者也采用这种方法以增加异养呼吸和根呼吸估算的准确性（Boone et al.，1998；Rey et al.，2002），但也有一些学者认为细根的分解可能需要几年的时间，因此必须测量样方内断根时的根量，研究其分解系数，然后对土壤呼吸进行校正（Lee et al.，2003；Ngao et al.，2007）。可能给根呼吸估算带来偏差的另一个主要原因就是土壤水分的变化。在断根处理后，由于缺乏植物蒸腾作用，土壤水分会增加（Rey et al.，2002；Ngao et al.，2007）。本章也发现断根处理后，土壤水分有增加的趋势，尽管只有麻栎林中断根处理对水分的影响达到了统计上的显著水平（表 6.2）。土壤水分对呼吸的影响比较复杂，可能造成对异养呼吸的高估和低估。Ngao 等（2007）发现利用壕沟法估算自养呼吸和异养呼吸对土壤水分的校正是很敏感的。植物和土壤是个连续体，断根以后阻断了光合产物向下的供应，因此依靠根分泌物和易分解有机物的微生物会大量减少，正激发效应（positive priming effect）消失，因此降低了较难分解的土壤有机质的分解（Fontaine et al.，2003；Cheng，2009；Kuzyakov，2010）。本章发现断根后 DOC 含量有下降的趋势，这表明断根以后微生物活性有所降低，这可能造成异养呼吸的低估。其他学者也发现断根处理后微生物活性有所下降（Kalbitz et al.，2006）。断根处理是否会造成微生物群落结构发生变化，正激发效应是否减小或者消失还需要进一步的研究。

去凋落物后，火炬松、马尾松和麻栎林的土壤呼吸分别降低 42%、48% 和 35%，其结果略高或接近其他类似研究（Maier and Kress，2000；Rey et al.，2002；Cisneros-Dozal et al.，2006；Wang et al.，2009）。例如，Cisneros-Dozal 等（2006）发现田纳西州温带森林中凋落物呼吸能占到总呼吸的 42%，但是该方法可能改变土壤的微环境，从而给凋落物呼吸的估算带来不确定性。本章发现去凋落物明显增加了土壤温度，相比对照处理而言，尽管三块样地去凋落物处理增加的土壤温度不超过 0.5℃，但是却达到了显著水平，增加的温度可能加大去凋落物处理的呼吸，从而造成凋落物呼吸的低估。去凋落物也可能改变土壤的水分条件，如 Wang 等（2009）发现去凋落物后由于缺乏凋落物层对土壤的覆盖，土壤水分有所下降，但本研究章却没有发现这个现象。

土壤呼吸的各组分对温度的敏感程度是不同的，本章研究发现各组分土壤呼吸的 Q_{10} 有着很大的差异。在排除掉受干旱影响数据后，火炬松林根呼吸和土壤有机质分解的表观 Q_{10} 分别为 2.773 和 2.203，马尾松林对应的 Q_{10} 分别为 2.271 和 2.138，表明根呼吸对温度变化更加敏感。在拟合方程时，考虑水分因素所得出的结果也支持这一结论（表 6.5），而且根呼吸和土壤有机质分解的 Q_{10} 的差异更大。我们得到的 Q_{10} 是表观温度敏感性，并不能真实地反映其对温度的响应（Davidson and Janssens，2006）。根呼吸较高的 Q_{10} 是对温度和根系生物量增加的共同反映，由于研究样地处于亚热带季风气候区，植物的生长和温度同步，这就造成了根呼吸真实 Q_{10} 的高估。其他许多学者的研究也支持本章研究的结果（Boone et al.，1998；Grogan and Jonasson，2005；Gaumont-Guay et al.，2008；Ruehr and Buchmann，2010）。例如，Boone 等（1998）对美国哈佛森林的研究表明，根呼吸的 Q_{10} 高达4.6，显著高于土壤呼吸的其他组分。干旱会降低土壤呼吸的 Q_{10}（Jassal et al.，2008；Almagro et al.，2009；Nikolova et al.，2009），本次分析包括受干旱影响的数据时，火炬松和马尾松各组分土壤呼吸的 Q_{10} 明显下降（表6.5）。更值得注意的是考虑受干旱影响数据后，根呼吸的 Q_{10} 接近甚至低于土壤有机质分解的 Q_{10}，表明干旱会影响根呼吸和土壤有机质分解对温度的响应，甚至会造成它们大小关系的互换。Rey 等（2002）对意大利的一个栎树林研究发现，根呼吸的表观 Q_{10} 为2.20，而土壤有机质分解的表观 Q_{10} 高达2.89，根呼吸较低的表观 Q_{10} 除部分归因于地中海气候植物根系生长与温度并不完全同步外，也部分归因于夏季干旱对土壤呼吸 Q_{10} 的影响。Nikolova 等（2009）对挪威云杉的研究表明，在不受干旱影响的年份根呼吸的 Q_{10} 大于土壤有机质分解，而在受干旱影响的年份根呼吸的 Q_{10} 接近甚至小于土壤有机质分解的 Q_{10}，这和本章研究的结果是一致的。尽管如此，与火炬松林和马尾松林不同，在麻栎林中无论是否考虑水分因素，根呼吸的 Q_{10} 始终低于土壤有机质分解的 Q_{10}，其可能原因是不同森林类型对干旱的响应和适应是不同的（Nikolova et al.，2009），本章研究中极端干旱期间可能已经对麻栎林的根系造成了大的伤害，因此仅去除受干旱影响的数据点不足以改变这种趋势。

第7章　环剥对森林树干呼吸及其温度敏感性的影响

7.1　引　　言

森林自养呼吸是陆地生态系统碳循环过程的重要组成部分（King et al., 2006; Piao et al., 2010; Galbraith et al., 2013;），森林生态系统GPP的50%~70%通过自养呼吸的形式进入到大气中。全球森林生态系统的自养呼吸过程每年向大气释放约44~55Pg碳（Wang et al., 2010; Maier et al., 2010; Yang et al., 2012），占整个大气CO_2含量的1/15，相当于化石燃料燃烧释放CO_2的6~7倍（Xu et al., 2001）。作为森林生态系统碳循环过程的重要组成部分，树干表面CO_2通量（E_s）约占整个森林生态系统自养呼吸的12%~42%（Teskey and McGuire, 2002; Maier and Clinton, 2006），且森林生态系统树干表面CO_2通量及其Q_{10}的改变还可能在一定程度上对气候变暖产生反馈作用（King et al., 2006; Piao et al., 2010; Galbraith et al., 2013）。因此，探讨树干表面CO_2通量及其Q_{10}的影响机理有助于准确解析森林生态系统碳固定对于全球变暖进程产生影响的正、负效应。

树干表面CO_2通量是指林木树体木质部、韧皮部和形成层等组织的活细胞通过有氧呼吸生理代谢产生CO_2气体到达树干表面的总量，涉及一系列复杂的生理生化反应和物理扩散过程（王秀伟和毛子军，2013）。树干组织活细胞进行的自养呼吸是一个产生CO_2的主动过程，而树干表面CO_2通量却是一个由扩散系数和浓度梯度等物理因子共同决定的被动过程，它不仅受到活细胞自养呼吸产生CO_2浓度的影响（朱丽薇等，2011），还受溶解在木质部液流中CO_2浓度的影响（王秀伟和毛子军，2013）。以往研究结果表明，由树体组织内多种生理代谢过程所产生的CO_2气体最终通过树皮扩散到大气环境中，但也有少量的CO_2溶于液流后参与叶片的气体交换过程进入大气或者重新被叶片固定成为光合产物（Saveyn et al., 2008b; Davidson et al., 2006; Thornley and Cannell, 2000）。因此，树干表面的CO_2通量并不是树干组织中活细胞实际呼吸的放映，而是树干内部产生的CO_2经过物理扩散过程达到树干表面的CO_2的总量。所以，对于树干呼吸的直接测定目前还很难实现，但由于通过液流等方式被带走的CO_2占整

个树干表面 CO_2 通量的比例很小（Maier and Clinton，2006；Saveyn et al.，2008a），大多数研究直接把测得的树干表面 CO_2 通量近似作为树干呼吸。同时，基于 Michaelis-Menten 方程的理论认为底物供应状况会对呼吸的表观 Q_{10} 产生影响（Davidson et al.，2006）。然而，大多数基于过程的树干表面 CO_2 通量估算模型却均把 Q_{10} 假定为恒定值（$Q_{10}=2$），并不会因为底物供应状况的改变而发生变化（Thornley and Cannell，2000），这就必然会导致对树干表面 CO_2 通量的估算产生一定偏差，进而影响准确解析整个森林生态系统固定 CO_2 的重要作用。

碳水化合物（carbohydrate）不仅是植物光合作用的主要产物，同时也是树干呼吸生理代谢过程重要的底物。通常，树木冠层所合成的大部分光合产物都会在树体内经过次生代谢过程转化成木质素、纤维素、半纤维素和果胶等结构性碳水化合物直接参与植物体结构与形态的构建过程（郑云普等，2014）。然而，另外小部分的光合产物则以非结构性碳水化合物（主要包括葡萄糖、蔗糖、果糖及果聚糖等可溶性糖和不溶性的淀粉）的形式储存在树体的不同器官或组织内，为植物的生长和代谢过程提供能量，其在树体中含量的变化很大程度上影响着树木的生长状况以及树干表面 CO_2 通量等多种关键的生理生化过程（张海燕等，2013；郑云普等，2014）。因此，树干非结构性碳水化合物的含量直接反映了树干呼吸过程底物的供应状况。然而，非结构性碳水化合物作为树干内生理生化反应的主要底物形式，其供应状况对树干表面 CO_2 通量产生影响的机理还不太清楚，所以探讨树干非结构性碳水化合物变化，有助于深入理解光合产物供应状况对树干表面 CO_2 通量的影响机制，进一步明确森林生态系统通过固定 CO_2 的形式对减缓全球气候变暖产生的正效应。

近年来，随着全球气候变暖等环境问题的日益加剧，人工林的可持续经营已成为当前重要的研究热点之一。就人工林而言，在最大限度提供木材的同时，通过固定 CO_2 减缓全球气候变暖进程是人工林生态系统必然的发展趋势。另外，需要明确指出的是人工林对于减缓全球气候变暖具有重要的正效应作用，而不是森林生态系统自养呼吸过程还会对未来全球变暖进程带来的贡献。农田防护林是一种典型的农林复合生态系统，为我国北方地区人工林建设的重要组成部分，它不仅能够有效防止水土流失，还有利于改善农田生态系统的小气候，成为区域农业生产重要的生态保护屏障。毛白杨作为华北平原区农田防护林的主栽树种之一，在该区域具有较大的分布面积和栽培规模。同时，农田防护林也是陆地生态系统的重要组成部分，但长期以来人们主要关注的是它们的经济价值和防护效益，而忽视其在陆地生态系统碳循环方面所起到的关键性作用。因此，本章以毛白杨农田防护林为研究对象，通过环剥处理改变光合产物供应，连续监测毛白杨树干表面 CO_2 通量和树干温度变化，深入分析光合产物供应对

树干表面 CO_2 释放通量及其 Q_{10} 的影响机理，旨在为全球变暖背景下毛白杨农田防护林的科学管理和可持续发展提供依据。

7.2　材料与方法

7.2.1　实验地概况

研究样地设置在河北省邯郸市南郊区的典型毛白杨农田防护林内（114°30′E，36°25′N）。该研究区属于典型的暖温带半湿润大陆性季风气候，日照充足，雨热同期，四季交替明显。该地区多年平均降雨量 548.9mm，主要集中在 7 ~ 8 月，年平均气温 14℃，最冷月份（1 月）平均气温-2.5℃，最热月份（7 月）平均气温 27℃，全年无霜期 200d，年日照 2557h。研究样地内的土壤质地以粉砂和轻壤为主；pH 较高，为 7.5 ~ 8.0；土壤有机质含量较低，为 6 ~ 10g · kg^{-1}；氮含量为 0.5 ~ 0.7g · kg^{-1}。

7.2.2　样地选择实验设计

本研究于 2015 年 11 月份在实验区建立 3 个 30m×30m 的样地，并在每个研究样地内随机选取 2 个样方（10m×10m），分别作为对照和环剥处理，各个样方之间相距 10m，即本研究中以 3 个样地作为空间上完全重复样本。随机在每个样方内选取 2 棵长势良好、生长状况相似的毛白杨（对照处理和环剥处理各有 6 棵，共计 12 棵）用于树干表面 CO_2 通量和树干温度的长期连续监测（表 7.1）。

表 7.1　样地林木特征

处理	林木编号	树龄/a	胸径/cm	树高/m	株距/m
对照组	1	10	15.6	14.6	3
	2	10	14.6	15.3	3
	3	10	14.8	14.8	3
	4	10	17.3	15.6	3
	5	10	16.5	15.3	3
	6	10	15.7	14.9	3

续表

处理	林木编号	树龄/a	胸径/cm	树高/m	株距/m
环剥组	1	10	15.7	15.1	3
	2	10	14.8	14.7	3
	3	10	16.3	15.2	3
	4	10	14.9	14.8	3
	5	10	15.2	15.1	3
	6	10	15.9	15.3	3

7.2.3　树干表面CO_2通量的测定

树干表面CO_2通量测定采用LI-6400便携式光合作用测量仪配套使用的土壤呼吸测量气室（LI-6400-09）。先将PVC环的一端切割成弧形以匹配树干的弧度，另一端磨平用以连接土壤呼吸测量室。分别在选择的毛白杨树干1m和1.5m高度南向安装用于树干表面CO_2通量测定的PVC环（内径10cm，深度5cm）。安装前轻微刮掉表层树皮，尽量确保树干表面的平整性，但不能损伤到形成层组织。用硅胶将呼吸环固定在树干表面上，检查其密封性，确保不漏气。在呼吸环的右侧5cm位置钻取一个深约3cm的细孔，使LI-6400配套的温度探头刚好插进树干，在监测树干表面CO_2通量的同时测量树干温度。在对树干表面CO_2通量监测4个多月后，于2016年8月26日进行环剥处理（1.3m处）。

选择树体上约1.3m处较平滑的部位（即位于上述已安装两个PVC环的中间位置），将高度为5cm的树皮、韧皮部和形成层组织轻轻剥掉，环剥时需注意上刀要直立切割，下刀切割时要外宽内窄，稍有倾斜，以防止雨水存积和病菌滋生；剥离的皮层用刀尖轻轻去除，不留残余皮层，此过程要注意避免对木质部组织造成机械损伤；在整个环剥处理过程中，继续不间断地监测树干表面CO_2通量和树干温度；对照组的树木除不进行环剥处理外，其他自然条件均与环剥处理的树木保持一致。

7.2.4　可溶性糖浓度的测定

利用生长锥钻取树芯样品。选取树芯样品的木质部位置，在液氮内研磨后称取粉状样品60mg，加入80%乙醇10mL，24h萃取后以4000r/min离心10min，将离心后的上清液倾入容量瓶；在残留沉淀物中再加入80%乙醇5mL，继续离心5min，获取上清液；定容后用于可溶性糖浓度测定。

7.2.5　数据处理与分析

为了计算树干表面 CO_2通量，需要获得 PVC 环所围树干面积以及气室插入 PVC 环的有效深度。根据式（3.1）计算 PVC 环所围的树干面积；根据式（3.2）计算气室插入 PVC 环的有效深度；根据式（7.1）拟合树干表面 CO_2通量和树干温度的关系：

$$E_s = \beta_0 e^{\beta_1 T} \tag{7.1}$$

式中，E_s为在温度为 T 时的树干表面 CO_2 通量；β_0 为当树干温度为零时的树干 CO_2 释放通量；β_1 为温度系数。

根据式（7.1）拟合出树干表面 CO_2通量和树干温度的关系后，计算出树干温度为15℃时的树干表面 CO_2通量，即可将树干表面 CO_2通量统一矫正为 15℃时的基础呼吸速率（R_{15}）。

采用 SPSS 21.0 软件对数据进行分析处理，利用单因素方差分析环剥处理对毛白杨树干表面 CO_2通量及其 Q_{10}影响的显著性，采用 SigmaPlot 软件绘图。

7.3　研究结果

7.3.1　环剥对树干温度、树干表面 CO_2通量及可溶性糖浓度的影响

整个研究期内（2016 年 4 月 ~ 2017 年 4 月）对照组（non-girdled，NG）、环剥点上部（above girdle，AG）和环剥点下部（below girdle，BG）的树干温度呈现一致的钟形变化趋势，即树干温度随季节变化先升高后降低，最高的树干温度均出现在 2016 年 9 月（约 34℃），而 2017 年 1 月份的树干温度最低，仅为 3℃［图 7.1（a）］。在树干环剥前，NG、AG 和 BG 在生长季的树干表面 CO_2通量差异不明显，均随树干温度的改变呈现较为一致的变化［图 7.1（b）］。环剥处理 30d 后，在生长季 NG、AG 和 BG 的树干表面 CO_2 通量差异开始显著增加，即环剥处理导致 AG 的 CO_2 通量升高 57% 和 BG 的树干表面 CO_2 通量降低 43%。随着季节的变化毛白杨进入非生长季，NG、AG 和 BG 的 CO_2 通量数值差异不大，但仍同树干温度呈现相似的变化趋势。另外，环剥处理导致生长季（2016 年 10 月份）AG（62.1mg · g^{-1}）和 BG（69.8mg · g^{-1}）的可

溶性糖浓度比 NG（79.9mg · g^{-1}）分别降低约 22.3% 和 12.6%。然而，环剥处理使非生长季 BG（75.6mg · g^{-1}）的可溶性糖浓度相比 NG（70.3mg · g^{-1}）增加约 7.5%，但却导致 AG 的可溶性糖浓度（61.3mg · g^{-1}）降低约 12.8% [图 7.1（c）]。

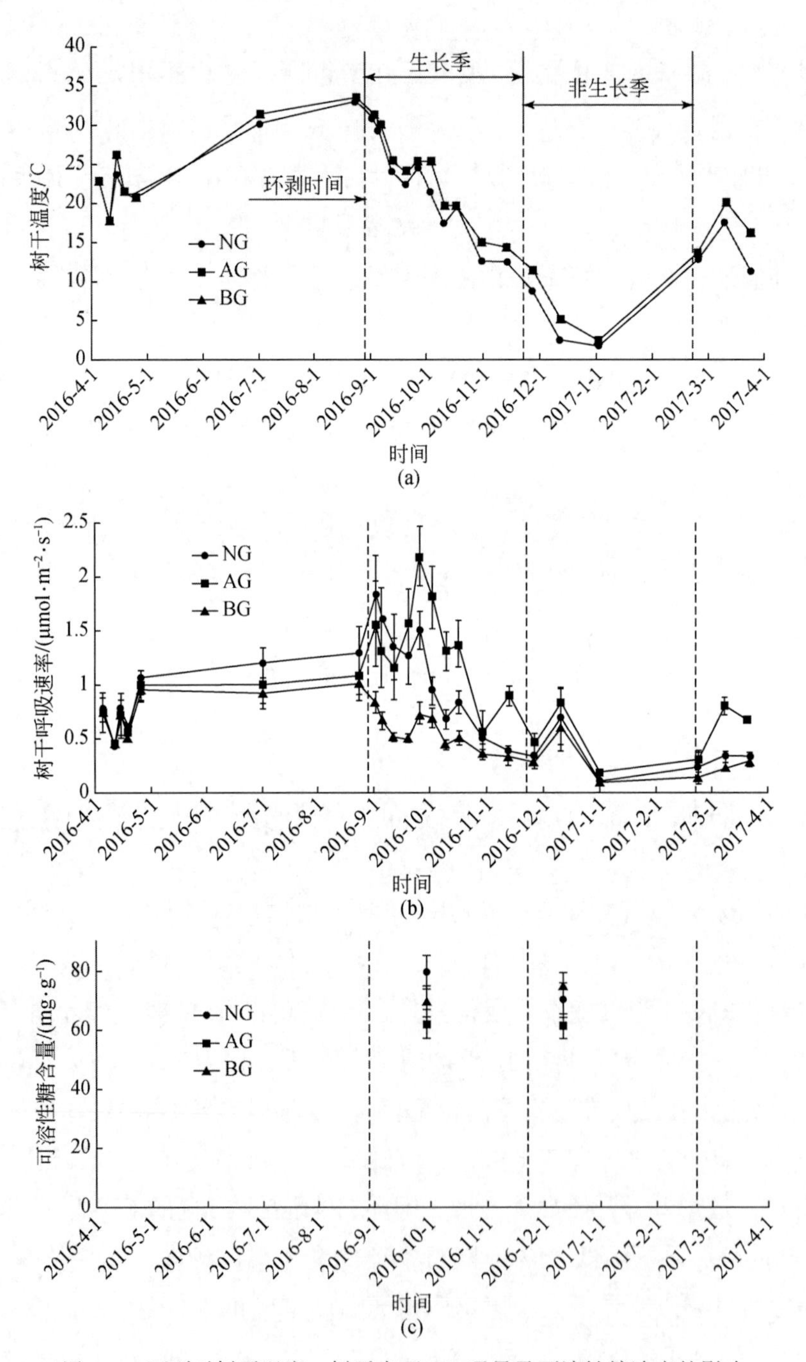

图 7.1　环剥对树干温度、树干表面 CO_2 通量及可溶性糖浓度的影响

7.3.2　环剥对 CO_2 通量与树干温度关系的影响

在整个研究期内 NG、AG 和 BG 的 CO_2 通量均同树干温度之间存在较好的指数函数关系，但环剥明显降低了树干温度对 CO_2 通量变化的决定系数 R^2，即 NG 的树干温度可以决定 CO_2 通量变化的 92.27%，而 AG 和 BG 的树干温度分别决定 CO_2 通量变化的 85.52% 和 80.9% [图 7.2 (a)]。对整个研究期划分为生长季和非生长季后，不同季节的 CO_2 通量和树干温度也同样存在较好的指数函数关系，且在生长季或非生长季 NG 的树干温度对 CO_2 通量变化的 R^2 均高于 AG 和 BG，即环剥在不同季节均降低树干温度对 CO_2 通量变化的 R^2。具体而言，生长季 NG 的树干温度决定 CO_2 通量变化的 93.02%，而环剥处理下 AG 和 BG 的树干温度分别决定 CO_2 通量变化的 65.59% 和 77% [图 7.2 (b)]。相似地，在非生长季 NG、AG 和 BG 的树干温度对 CO_2 通量变化决定分别为 83.91%、75.72% 和 52.05% [图 7.2 (c)]。另外，在生长季 AG 的树干温度对 CO_2 通量变化的 R^2 低于 BG，而在非生长季却呈现出相反的规律，即在非生长季 AG 的树干温度对 CO_2 通量变化的 R^2 高于 BG。

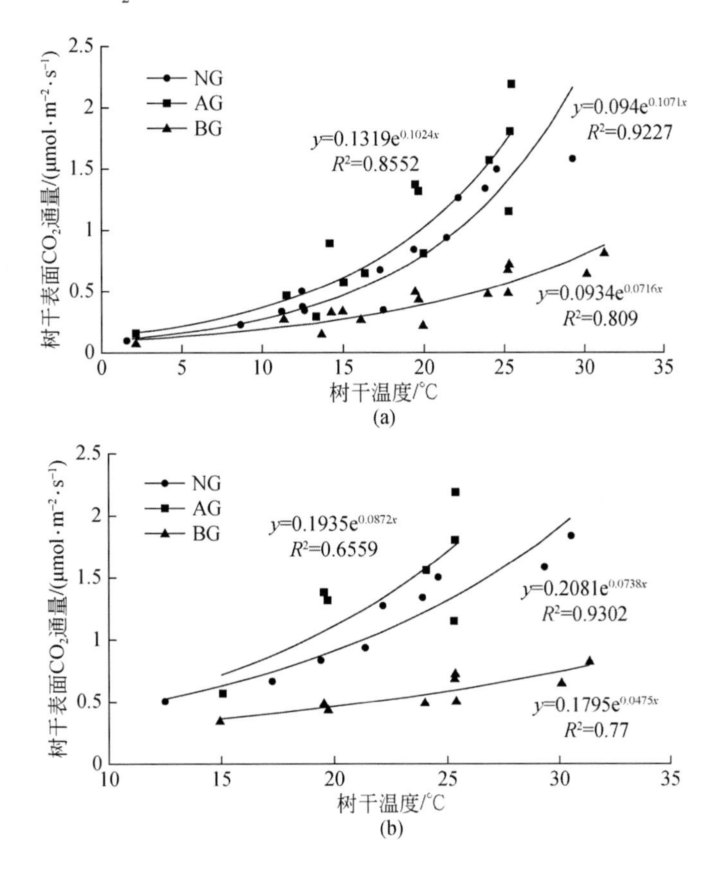

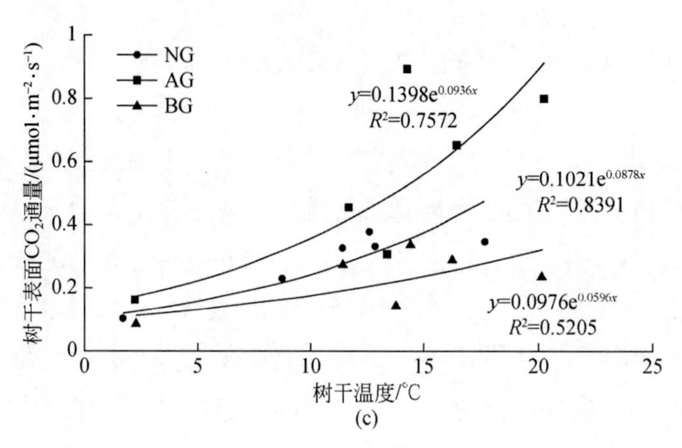

(c)

图 7.2　环剥对树干表面 CO_2 通量和树干温度关系的影响

（a）整个研究期（2016 年 4 月～2017 年 4 月）；（b）生长季；（c）非生长季

7.3.3　环剥对树干表面 CO_2 通量 Q_{10} 的影响

就整个研究期而言，环剥导致树干表面 CO_2 通量 Q_{10} 呈现降低的趋势，但 NG、AG 和 BG 之间的差异均未达到显著水平［$P>0.05$；图 7.3（a）］。然而，环剥导致生长季 BG 的树干表面 CO_2 通量 Q_{10} 显著降低 21%（$P<0.05$），AG 的 Q_{10} 增加 14%（$P>0.05$），且 AG 在生长季的 Q_{10} 明显高于 BG 约 50%［$P<0.01$；图 7.3（b）］。另外，环剥导致非生长季树干表面 CO_2 通量的 Q_{10} 呈现与生长季相似的变化趋势，即环剥导致非生长季 AG 的 Q_{10} 升高，而 BG 的 Q_{10} 降低，尽管 NG、AG 和 BG 之间 Q_{10} 的差异并不显著［$P>0.05$；图 7.3（c）］。

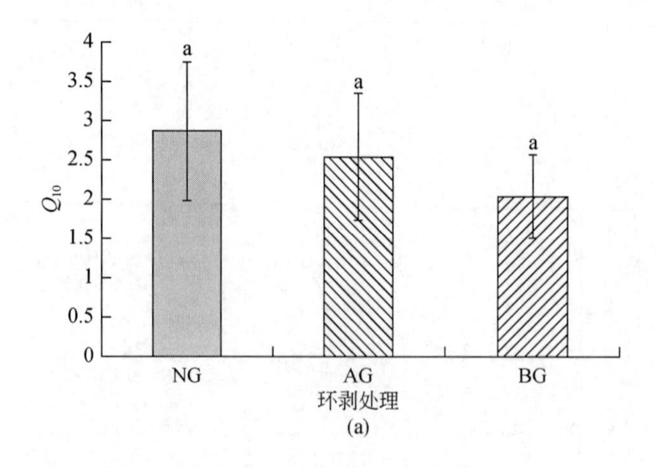

(a)

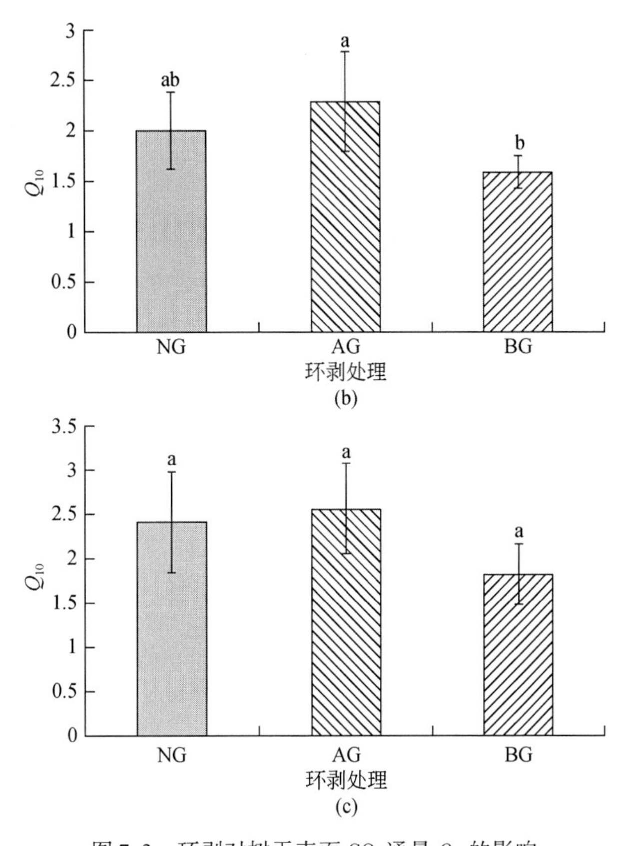

图7.3　环剥对树干表面CO_2通量Q_{10}的影响

(a) 整个研究期（2016年4月~2017年4月）；(b) 生长季；(c) 非生长季

7.3.4　环剥对树干基础呼吸的影响

为了比较相同树干温度下环剥和非环剥毛白杨林木树干表面CO_2通量的差异，将树干表面CO_2通量统一矫正为15℃时的基础呼吸速率。由图7.4（a）可知，整个研究期内，环剥导致AG的树干基础呼吸分别比NG和BG显著提高55%（$P<0.05$）和124%（$P<0.001$），但NG和BG之间树干基础呼吸的差异却并不显著（$P>0.05$）。相似地，生长季环剥条件下AG的树干基础呼吸为BG的1.4倍（$P<0.001$），且NG的树干基础呼吸显著高于BG约77%［$P<0.01$；图7.4（b）］。尽管非生长季环剥也同样导致AG和BG的树干基础呼吸呈现与生长季相似的变化趋势（AG升高50%和BG降低58%），但环剥对树干基础呼吸产生的影响却未达到显著水平［$P>0.05$；图7.4（c）］。

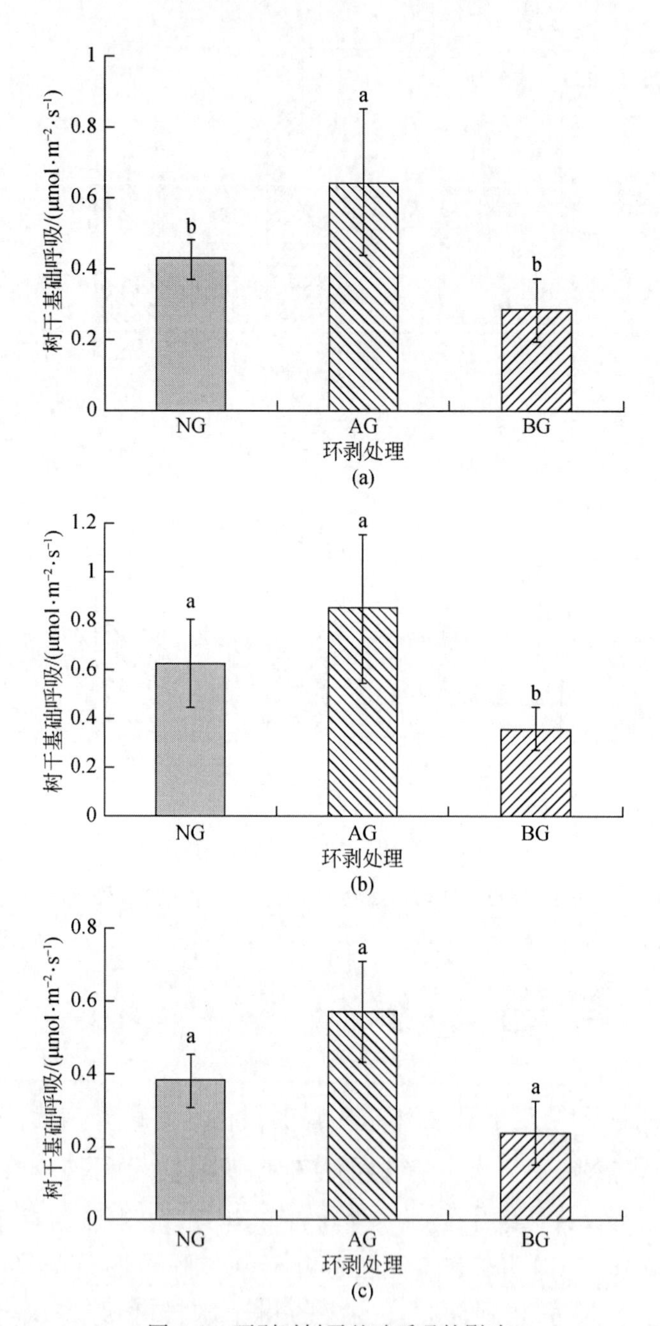

图 7.4　环剥对树干基础呼吸的影响

（a）整个研究期（2016 年 4 月 ~2017 年 4 月）；（b）生长季；（c）非生长季

7.4　讨论与分析

在本章中，生长季环剥导致 AG 和 BG 的可溶性糖浓度分别低于 NG 约 22.3% 和 12.6%，表明树干环剥处理阻断了光合同化产物由源到汇的纵向运输，对毛白杨林冠光合作用速率产生了抑制作用，导致环剥样地树干的可溶性糖含量低于 NG。另外，值得关注的是非生长季 BG 的可溶性糖浓度高于 AG 和 NG，表明毛白杨可能在非生长季将根部储存的可溶性糖或淀粉沿树干向上运输，为树干的维持呼吸过程提供能量物质（王文杰等，2007）。

以往树干环剥改变光合产物供应进而影响树干表面 CO_2 通量的研究较少（Edwards et al.，2002），且多数研究基于林木幼苗（Wertin and Teskey，2008），而高大树木的光合产物从树冠合成后再运输到树干需要经过较长的距离，光合产物在树体中的迁移、转化和分配状况对树干表面 CO_2 通量的影响更加复杂（Zha et al.，2004）。本章发现，树干环剥处理后毛白杨林木 AG 的 CO_2 通量显著高于 BG，表明树干环剥可能阻断了韧皮部纵向运输光合产物的路径（Wang et al.，2006），导致大量非结构性碳水化合物在环剥点上方累积（Zhao and Hölscher，2009），而环剥点下方的碳水化合物随着树干表面 CO_2 通量的消耗逐渐减少（Ogawa，2006；Maier et al.，2010），且无法得到冠层光合产物的输入和补充（Wertin and Teskey，2008）。本章生长季 AG 的可溶性糖含量低于 BG 主要是由于 AG 的 CO_2 通量显著高于 BG 而造成的，即环剥处理 30d 后，AG 较高的 CO_2 通量相比 BG 消耗更多的光合产物，故 AG 剩余的可溶性糖含量低于 BG。

许多研究发现树干呼吸的 Q_{10} 存在较大的时空变率（Jiang et al.，2003；王淼等，2008；石新立等，2010），野外实测的树干表面 CO_2 通量和树干温度数据拟合得到的 Q_{10} 仅反映树干表面 CO_2 通量的表观 Q_{10}，并不代表其对温度变化真实的响应（Yang et al.，2012）。本章发现，AG 的 Q_{10} 均高于 BG，直接支持了上述观点。然而，方差分析的结果显示，生长季 AG 和 BG 的 Q_{10} 差异较为显著，而在非生长季的差异并不显著。作者认为，造成树干呼吸 AG 和 BG 的 Q_{10} 在不同季节产生差异的原因可能是由于在生长季生长呼吸和维持呼吸共同作用导致其具有较高的 Q_{10}；然而，在非生长季以维持呼吸占据主导作用，而维持呼吸对温度的高度敏感性高于生长季的 Q_{10}，且 AG 有较多的营养物质积聚，使得上部的维持呼吸较活跃，故在非生长季 AG 的 Q_{10} 仍要大于 BG（Wang S et al.，2003）。尽管如此，该 Q_{10} 并不反映树干呼吸过程的真实 Q_{10}，而是与其他因素混淆在一起的表观 Q_{10}（Brito et al.，2010）。

前人研究得出，林木在生长季的树干基础呼吸速率明显高于非生长季（Zha et al.，

2004)，表明树干组织在生长季的代谢活性更高，且同时可以得到冠层输入更多光合产物（Damesin et al.，2002）。以往研究已经实证冠层光合作用改变呼吸底物的供应状况（Zha et al.，2004），进而影响树干表面 CO_2 通量（Maier et al.，2010）。本章结论表明，毛白杨的树干基础呼吸在生长季和非生长季的差别较大，这可能是由于生长季的树干呼吸包含维持呼吸和生长呼吸两个部分，即树干呼吸过程不仅要保证活细胞正常的生理代谢，还要为树干合成新的组织提供能量（Wertin and Teskey，2008）。然而，非生长季的树干呼吸仅维持呼吸，此时树干停止细胞分裂和生长，故非生长季的树干表面 CO_2 通量明显低于生长季。另外，生长季和非生长季 AG 的毛白杨树干基础呼吸均高于 BG，这也间接证明了 AG 具有较大的代谢活性，且 AG 具有比较充足的光合作用产物供应，使得 AG 的树干基础呼吸明显高于 BG。

第8章　森林生态系统呼吸估算及模拟

8.1 引　　言

森林生态系统在全球碳循环中起着至关重要的作用。森林可以占到全球陆地面积的30%，其储存的碳是大气碳库的两倍（Bonan，2008）。森林贡献了陆地生态系统NPP的50%，每年可以固定大量的CO_2（Agrawal et al.，2008）。由于不断升高的大气CO_2浓度及其对气候和植被的影响，森林生态系统的碳循环已经成为研究热点。近些年来，许多学者测定和模拟了森林生态系统的碳平衡（Houghton et al.，1999；Law et al.，1999a；Granier et al.，2000；Bolstad et al.，2004；Heimann and Reichstein，2008；Piao et al.，2009）。尽管如此，由于森林生态系统自身的复杂性以及对其研究方法的差异等，关于森林生态系统的碳源汇功能及其在全球变化中的作用还存在很大的不确定性。

森林生态系统通过光合作用吸收CO_2，又通过呼吸作用把CO_2释放到大气中去。因此，森林生态系统和大气之间的NEE取决于这两大通量，相比光合作用和呼吸作用而言，NEE的数量级要小得多（Law et al.，1999b）。近些年来，许多学者通过涡度相关技术和箱式技术测定研究了NEE和生态系统呼吸等（Xu et al.，2001；Bolstad et al.，2004；Knohl et al.，2008；Tang et al.，2008；Yu et al.，2008；Noormets et al.，2010）。有些研究以夜间数据反推出白天的生态系统呼吸，但夜间缺乏较强的湍流，可能导致测定结果及反推结果的不可信（Black et al.，1996，Goldstein et al.，2000），而且涡度相关技术并不能分别测定各个组分（如树干呼吸和土壤呼吸等）的动态变化。箱式法独立测定生态系统呼吸的各个组分，研究各组分对生态系统呼吸的贡献率，而且可以校正或者替代涡度相关技术晚上测定的数据。以前的研究多注重一个或者几个通量研究（Ryan et al.，1995；Davidson et al.，1998；Janssens and Pilegaard，2003；Khomik et al.，2006；Brito et al.，2010），把整个生态系统呼吸的各组分综合研究还比较少。不同森林生态系统的不同组分对总生态系统的贡献存在很大差异，如Xu等（2001）对美国黄松幼林研究表明，叶呼吸可以占到总生态系统呼吸的23%，而Wieser和Bahn（2004）的研究表明叶呼吸仅贡献了生态系统呼吸的11%，这些差异可能来自于森林类型、结构、测定方法的差异等。因此，进一步研究不同森林生态系统各组分呼吸是必要的。

本章测定了麻栎林、马尾松林和火炬松林的生态系统呼吸的各个组分，包括叶呼吸、树干呼吸以及土壤呼吸等，并连续测定了温度、水分和其他环境变量。研究目的是：①基于箱式法测定叶呼吸、树干呼吸和土壤呼吸（包括凋落物分解、土壤有机质分解和根呼吸）；②估算整个生态系统呼吸和各个组分通量对其的贡献；③分析生态系统呼吸对温度变化的响应。

8.2 材料与方法

8.2.1 植被及叶面积指数测量

2008 年 8 月在火炬松林、马尾松林和麻栎林分别建立了 30m×30m 的标准样地一个。对样地里胸径大于 3cm 的树木进行每木检尺，包括胸径和树高等。火炬松林样方内优势种为火炬松，平均胸径为 25. 5cm，有合欢、樱桃树零星分布，胸径小于 10cm，所有非火炬松树种的平均胸径为 6. 29cm。马尾松林优势种为马尾松，平均胸径为 25. 7cm，林下小乔木主要为油桐，胸径小于 10cm，所有非马尾松树种的平均胸径为 6. 46cm。麻栎林优势种为麻栎，平均胸径为 26. 26cm，油桐、枫香零星分布，胸径小于 10cm，所有非麻栎树种的平均胸径为 5. 72cm。

在每个样地，使用 LAI-2000 植物冠层分析仪（Li-Cor, Inc. Lincoln, NE, USA）不定期测定平均 LAI。由于使用 LAI-2000 植物冠层分析仪测定 LAI 最好在散射光下测定，因此一般选择在早上日出前或者傍晚日落后测定。使用该方法需要冠层上方的 A 值和冠层下方的 B 值，由于在森林中不容易获得 A 值，通常用空旷地测定的数值代替 A 值。在每个样地选择三条 10m 长的线，使其尽量代表样地的平均水平。在空旷地采集 A 值后，沿着 10m 长的线每 1m 采集一个 B 值，然后回空旷地采集第二个 A 值，随后在第二条线上每 1m 采集一个 B 值，接着继续直至所需 B 值采集完。共计 3 个 A 值，60 个 B 值，LAI-2000 植物冠层分析仪会自动计算平均 LAI。每次测定通常在 20 ~ 30min 完成。

8.2.2 叶呼吸、树干呼吸和土壤呼吸的测定

叶呼吸的测定使用 LI-6400 便携式光合作用测量仪。将带叶片的小枝从树上采下来以后，迅速插入装有水的瓶中。将叶片轻轻夹在 LI-6400-09 气室中，既保证不漏

气，又要保证不过度挤压叶片。在测定火炬松和马尾松的叶呼吸时，由于松针并没有铺满整个气室，因此要把面积校正到气室内松针的实际面积（Gough et al., 2004）；然后在控制条件下测定叶片的呼吸，将 CO_2 浓度调整为 380mg · L^{-1}，湿度调整为接近大气湿度，光量子调整为 0；由于在白天测定，为防止外面光线进入气室，在测定呼吸时将整个气室用黑布覆盖，依据不同测定季节温度分别设定为几个不同梯度，如夏季为 25℃、30℃和 35℃，每个季节各测定一次，麻栎由于落叶，在冬季无法测定；每个样地随机选择四棵代表性树木作为重复；由于是离体测定，要在尽可能短的时间内测定完成。

树干呼吸和土壤呼吸的测定详见 4.2 节和 5.2 节。在本章中我们将土壤呼吸分为了根呼吸、凋落物分解和土壤有机质分解，具体分离方法详见 6.2 节。

8.2.3　数据分析

为了估算各个叶呼吸、树干呼吸和土壤呼吸对总生态系统呼吸的贡献，需要把样地测定数据上推到生态系统尺度，把短期测定数据上推到年尺度（2009 年 9 月 1 日 ~ 2010 年 8 月 31 日）。

单位面积叶呼吸、树干呼吸和土壤呼吸对温度的响应，采取式（8.1）拟合：

$$R = a\mathrm{e}^{bT} \tag{8.1}$$

式中，R 为实测的叶呼吸、树干呼吸或土壤呼吸；T 为叶片温度、树干温度或土壤温度；a 和 b 是拟合参数。

为了将叶呼吸上推到生态系统尺度，需要另一个重要参数 LAI。采用式（8.2）来模拟单位样地面积的叶呼吸：

$$R_{\mathrm{Leaf}} = \mathrm{LAI}a\mathrm{e}^{bT} \tag{8.2}$$

式中，R_{Leaf} 为单位样地面积的叶呼吸。

采用式（8.3）来拟合 LAI 的动态变化：

$$\mathrm{LAI} = ax^4 + bx^3 + cx^2 + dx + e \tag{8.3}$$

式中，x 为对应的日期；c、d 和 e 为拟合参数。

将拟合的 LAI 数据作为连续的数据，然后用实测的半小时连续气温数据代替叶片温度，来估算生态系统尺度上叶呼吸的时间动态。

为了将树干呼吸上推到生态系统尺度，需将单位树干面积的树干呼吸转变为单位边材体积的树干呼吸。在尺度上推时单位边材体积是更合适的，因为单位边材体积的呼吸在空间上是相对恒定的（Bolstad et al., 2004）。通过钻取树芯，实测了边材宽度来推算树干边材体积。将呼吸数据转化为基于边材体积后，采用式（8.1）拟合其对温度的响应。为了将尺度上推到生态系统水平，需要估算样地内树干边材的总体积，对于直径小于10cm的林下小乔木，本章假定其全部为边材；对于样地的优势种，依据实测的边材宽度和特定树种的区域相对生长方程来估算生物量和边材体积，最后将树干呼吸转换为基于样地面积的树干呼吸。由于没有连续的树干温度数据，采用5cm深的土壤温度代替，详见3.2节。

土壤温度和土壤水分共同调控着土壤呼吸，采用式（5.4）来拟合土壤呼吸。土壤呼吸细分为根呼吸、凋落物分解和土壤有机质分解三部分，详见6.2节，利用实测的连续半小时土壤温度和土壤水分数据来估算年土壤呼吸量。

8.3 研究结果

8.3.1 温度、水分的季节变化

本章研究结果显示，1.5m处的林中温度、5cm深的土壤温度和0～20cm的土壤水分有着明显的季节波动（图8.1）。2009年9～10月气温还维持在20℃左右，11月初急剧下降至5℃左右，中旬甚至跌破0℃，随后一直维持在较低水平，直至2010年3月气温才开始回升，到8月达到最大，接近30℃。总体而言，冬春季气温波动较大。土壤温度紧随气温，但波动幅度较小，冬季维持在5℃左右，而夏季最高也没有超过25℃。0～20cm的土壤水分季节变化明显。总体而言，冬春季土壤水分较高，夏季起伏较大，干旱与降水造成的湿润交替出现。

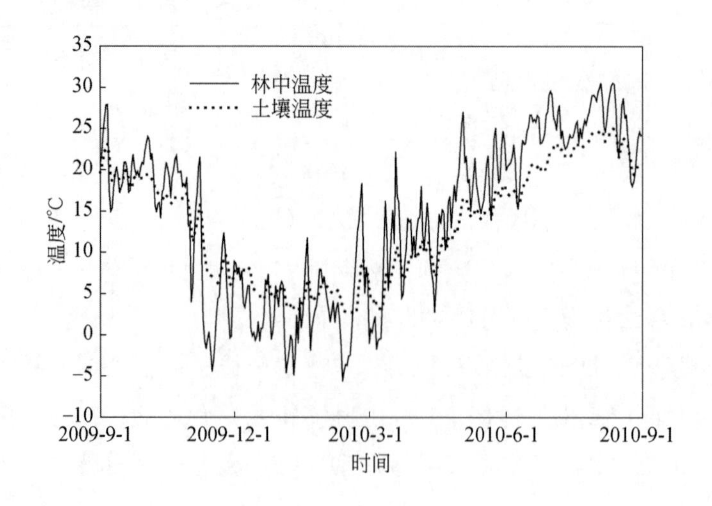

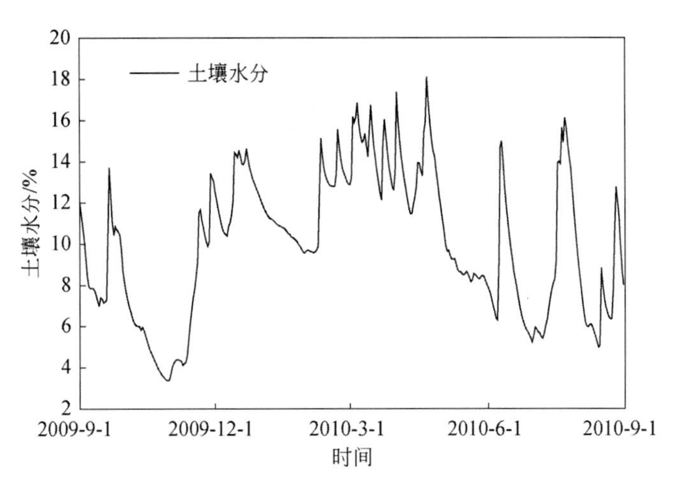

图 8.1　火炬松林林中温度、土壤温度和土壤水分的季节变化

8.3.2　叶呼吸估算

依据实测数据，拟合了叶呼吸对叶片温度的指数响应方程，火炬松、马尾松和麻栎的叶呼吸方程分别为 $R=0.25e^{0.04T}$、$R=0.12e^{0.06T}$ 和 $R=0.06e^{0.08T}$，R^2 均大于 0.7（图 8.2）。

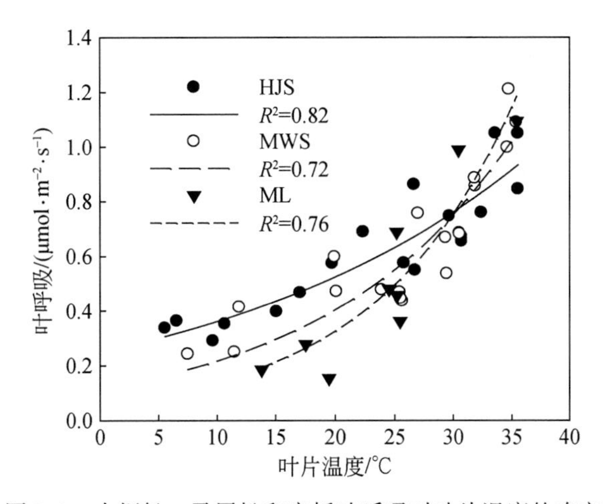

图 8.2　火炬松、马尾松和麻栎叶呼吸对叶片温度的响应

采用式（8.3）拟合三块样地实测的 LAI 数据，以得到 LAI 的季节动态变化。火炬松林、马尾松林和麻栎林叶面积动态方程分别为

$$LAI = -1.085\times10^{-9}x^4+5.581\times10^{-7}x^3+3.891\times10^{-5}x^2-3.649\times10^{-2}x+3.491$$

$$LAI = -2.036\times10^{-9}x^4+1.244\times10^{-6}x^3-1.209\times10^{-4}x^2-2.272\times10^{-2}x+3.186$$

$$LAI = -4.407\times10^{-9}x^4+2.620\times10^{-6}x^3-2.956\times10^{-4}x^2-2.839\times10^{-2}x+3.776$$

从图 8.3 可以看出，三块样地的 LAI 季节动态明显。从 2009 年 9 月开始，LAI 逐渐下降，到冬季达到最低值，麻栎林的 LAI 为 0，而火炬松和马尾松由于是常绿林，因此冬季的 LAI 不是 0。随着 2010 年春季的到来，三种类型的森林 LAI 又开始增加，到夏季达到最大值。麻栎林 8 月达到最大，而火炬松林和马尾松林则在 9 月达到最大。

依据式（8.3）拟合了三种森林类型基于样地面积的叶呼吸的季节动态（图 8.4）。

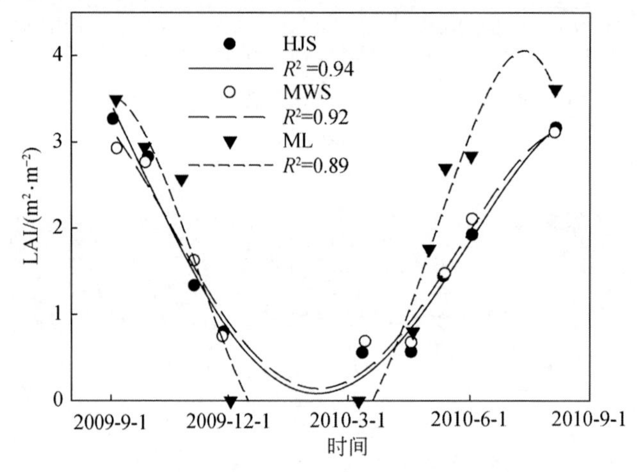

图 8.3　火炬松林、马尾松林和麻栎林 LAI 的季节动态

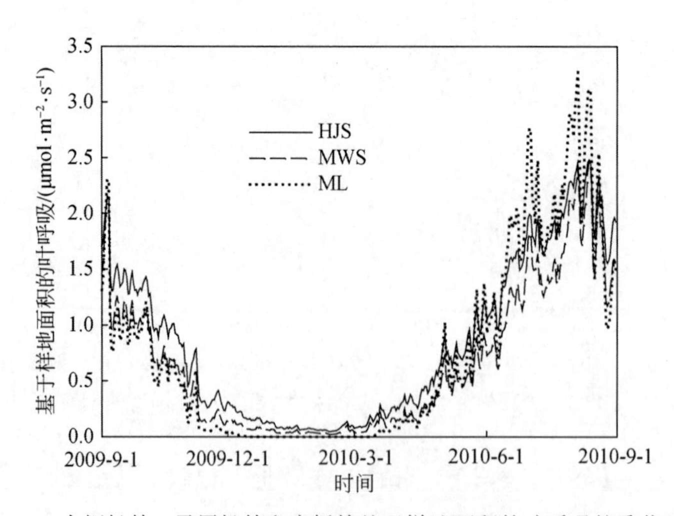

图 8.4　火炬松林、马尾松林和麻栎林基于样地面积的叶呼吸的季节动态

虽然叶呼吸主要受气温驱动，但是 LAI 季节变化明显，因此基于样地面积的叶呼吸并不完全随气温的变化而变化。三种森林的叶呼吸的季节变化趋势基本一致，生长季麻栎叶呼吸要高于马尾松和火炬松，麻栎林日平均叶呼吸峰值为 3.27μmol · m^{-2} · s^{-1}，而火炬松和马尾松则分别为 2.48μmol · m^{-2} · s^{-1}和 2.47μmol · m^{-2} · s^{-1}。由于非生长季低温和低的 LAI，火炬松和马尾松的叶呼吸低于 0.3μmol · m^{-2} · s^{-1}，而麻栎林的叶呼吸则为 0。

8.3.3　树干呼吸的估算

为了把树干呼吸上推到生态系统尺度，将基于树干表面积的树干呼吸转换为基于树干边材体积的树干呼吸。拟合了基于体积的树干呼吸与树干温度的关系，发现树干温度可以决定树干呼吸的大部分季节变率，R^2 均超过了 0.8（图 8.5）。火炬松、马尾松和麻栎三个树种对应的指数方程分别为：$R = 4.16e^{0.05T}$、$R=5.60e^{0.06T}$和 $R=4.90e^{0.08T}$。

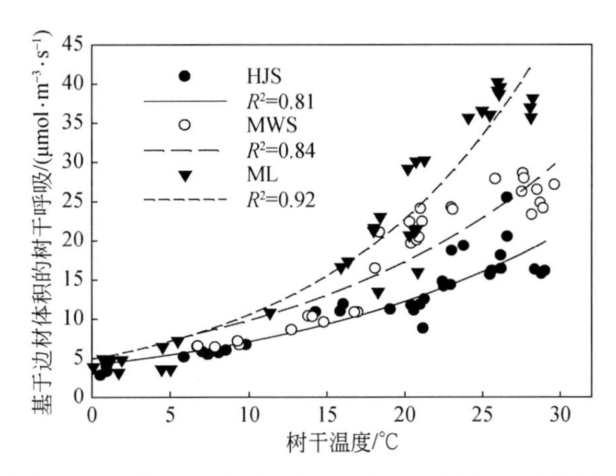

图 8.5　火炬松、马尾松和麻栎基于边材体积的树干呼吸对树干温度的响应

基于实测边材宽度和区域相对生长方程，估算了三块样地的生物量和样地所有树木的边材体积，然后将树干呼吸转变为基于样地面积的树干呼吸。由于本章没有连续树干温度数据，因此用 5cm 深度土壤温度与实测树干温度回归，以模拟连续的树干温度，最终模拟出基于样地面积的树干呼吸的季节动态（图 8.6）。树干呼吸季节动态明显，树干与温度的变化趋势基本一致。在生长季麻栎林的树干呼吸最大，其次是马尾松林，火炬松林树干呼吸最小。

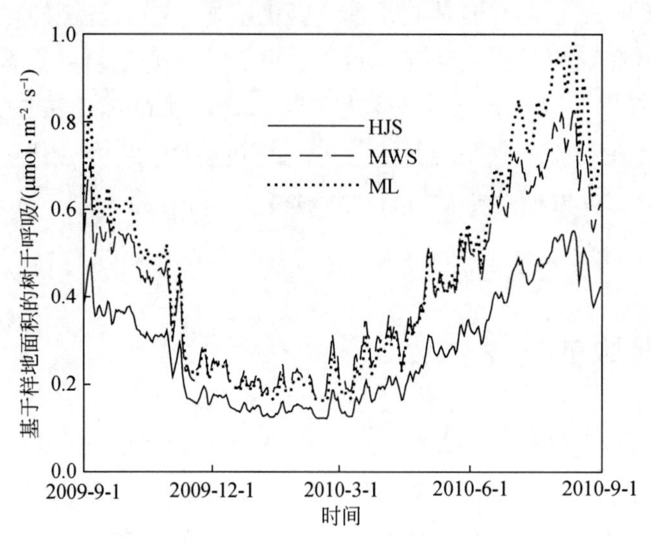

图 8.6　火炬松林、马尾松林和麻栎林基于样地面积的树干呼吸的季节动态

8.3.4　土壤呼吸的估算

通过对土壤进行断根和去凋落物处理，分别估算了根呼吸、凋落物分解和土壤有机质分解。由于根呼吸和凋落物分解与温度和水分的关系方程的 R^2 较低，因此并没有直接采用该拟合方程来推算组分呼吸的季节动态。由表 8.1 可知，对照、去凋落物、断根和既去凋落物又断根四种处理的实测呼吸与温度、水分的关系方程的 R^2 较高，因此采用该方程拟合其季节动态，然后用对照、去凋落物得出凋落物分解的季节动态，用对照、断根得出根呼吸的季节动态，而既去凋落物又断根拟合的即土壤有机质分解的季节动态。

表 8.1　火炬松林、马尾松林和麻栎林不同处理土壤呼吸与温度、水分拟合方程的参数

样地	处理	a	b	c	R^2
HJS	CK	2.460×10^{-3}	0.1	1.965	0.839
	NL	2.195×10^{-2}	0.09	0.892	0.971
	NR	9.088×10^{-4}	0.138	1.791	0.916
	NLNR	8.563×10^{-3}	0.084	1.239	0.959
MWS	CK	9.530×10^{-2}	0.078	0.502	0.728
	NL	8.503×10^{-2}	0.071	0.329	0.894

续表

样地	处理	*a*	*b*	*c*	R^2
MWS	NR	2.083×10^{-2}	0.086	0.82	0.759
	NLNR	5.452×10^{-2}	0.073	0.388	0.943
ML	CK	3.196×10^{-2}	0.083	1.115	0.87
	NL	1.671×10^{-2}	0.093	1.054	0.88
	NR	0.487	0.058	−0.012	0.827
	NLNR	7.086×10^{-2}	0.084	0.405	0.914

由图 8.7 可知，三种类型的森林的土壤呼吸季节变化明显，受温度和水分的共同调控。整体而言，土壤呼吸随着温度的增加而增加，冬季低而夏季高。但是水分对其的影响也十分明显，土壤呼吸的几个峰值（2009 年 9 月底、2010 年 6 月中旬和 7 月底）均与土壤干旱后土壤水分的急剧上升有关。根呼吸，凋落物分解和土壤有机质分解对温度和水分的响应明显，但不同森林类型间存在差异。例如，2010 年 7 月初的干旱明显造成了火炬松林凋落物分解的下降，而马尾松林和麻栎林凋落物分解下降则较少，相比而言根呼吸则下降明显。

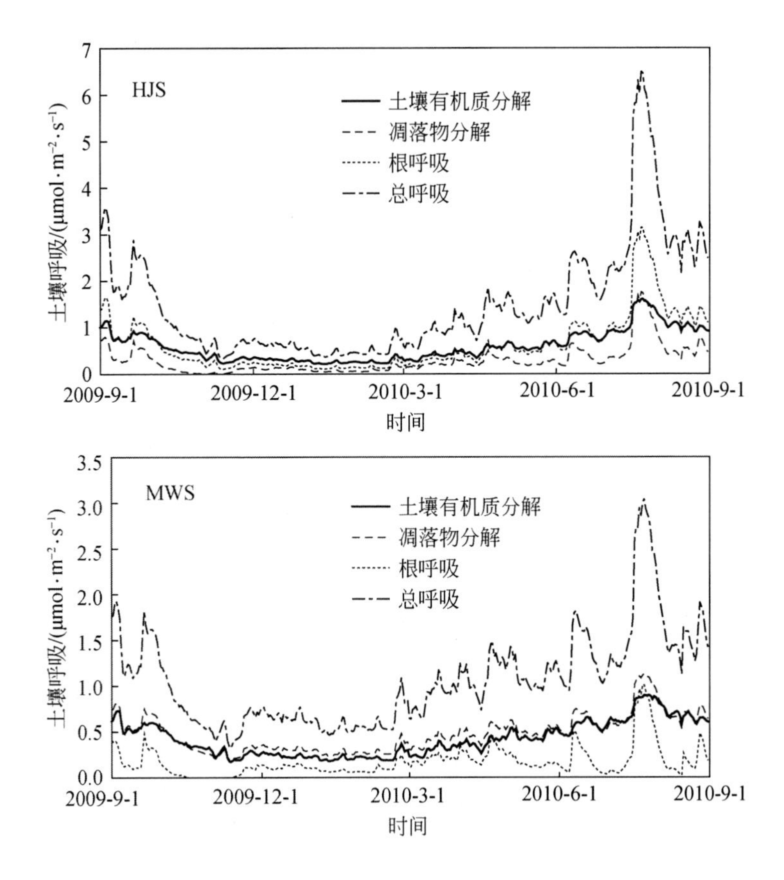

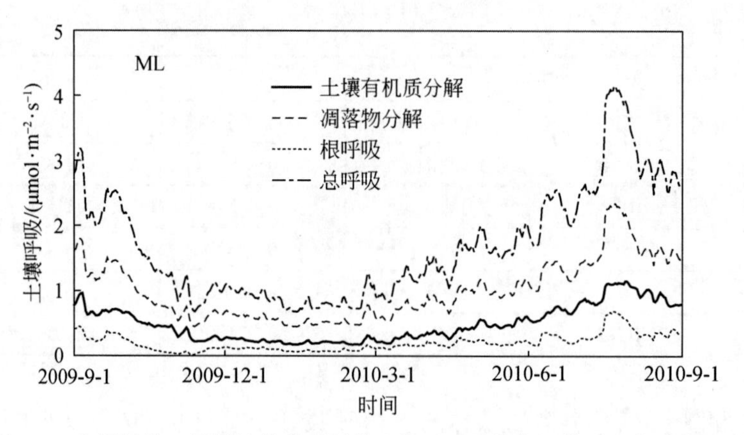

图 8.7　火炬松林、马尾松林和麻栎林土壤呼吸及其各组分呼吸的季节动态

8.3.5　生态系统呼吸的估算

火炬松林、马尾松林和麻栎林三种类型森林的生态系统呼吸的变化范围分别为 0.56～8.87μmol・m^{-2}・s^{-1}、0.67～5.35μmol・m^{-2}・s^{-1}和 0.85～7.73μmol・m^{-2}・s^{-1}（图 8.8）。由于土壤呼吸贡献了生态系统呼吸的大部分，因此生态系统呼吸的季节波动与土壤呼吸基本一致。三种类型森林的生态系统呼吸于 2010 年 7 月底 8 月初达到最大值，略微滞后于土壤呼吸的最大值，因为土壤呼吸开始下降时叶呼吸还在逐渐增加。

火炬松林、马尾松林和麻栎林三种森林类型的年生态系统呼吸分别为 993.5gC・m^{-2}・a^{-1}、803.7gC・m^{-2}・a^{-1}和 1085.2gC・m^{-2}・a^{-1}（表 8.2）。三种森林类型中，不同组分对总生态系统呼吸的贡献率不同。火炬松林叶呼吸、树干呼吸和土壤呼吸所占的百分比分别为 32%、11% 和 57%，马尾松林对应的值为 31%、20% 和 50%，麻栎林对应的值为 26%、16% 和 59%。火炬松林、马尾松林和麻栎林自养呼吸所占比率分别为 67%、58% 和 48%。

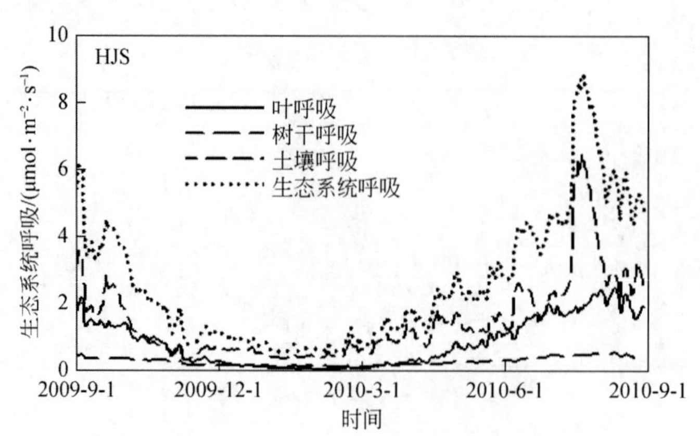

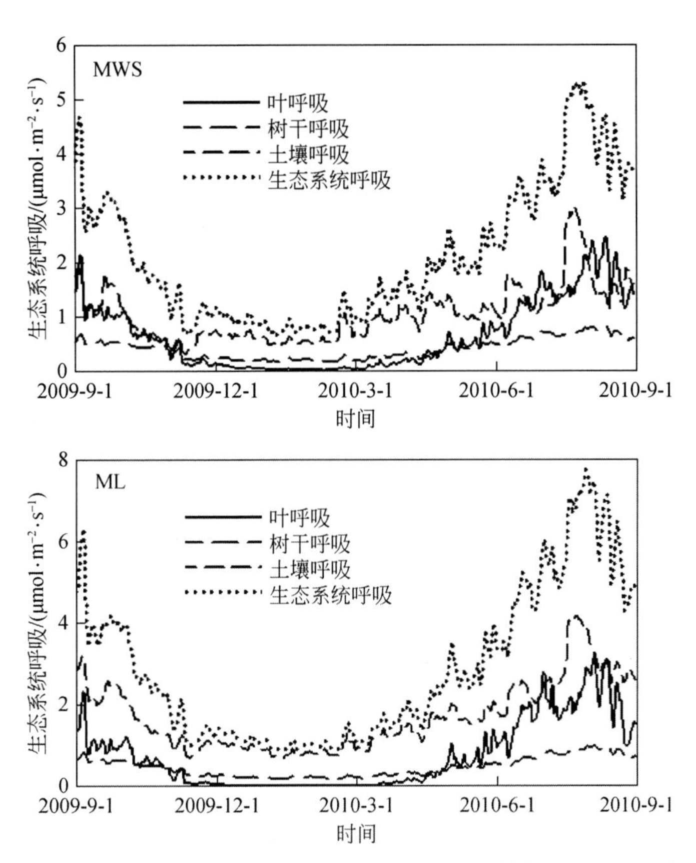

图 8.8 火炬松林、马尾松林和麻栎林生态系统呼吸及其各组分呼吸的季节动态

表 8.2 火炬松林、马尾松林和麻栎林生态系统呼吸各组分年呼吸及贡献率

样地	组分	叶呼吸	树干呼吸	根呼吸	凋落物分解	土壤有机质分解	生态系统呼吸
HJS	年呼吸/($gC \cdot m^{-2} \cdot a^{-1}$)	319.6	105.4	237.5	108.8	222.2	993.5
	贡献率/%	32	11	24	11	22	100
MWS	年呼吸/($gC \cdot m^{-2} \cdot a^{-1}$)	247.6	157.0	63.3	178.5	157.3	803.7
	贡献率/%	31	20	8	22	20	100
ML	年呼吸/($gC \cdot m^{-2} \cdot a^{-1}$)	277.6	168.4	76.1	377.7	185.4	1085.2
	贡献率/%	25	16	7	35	17	100

8.3.6 生态系统呼吸对温度和水分的响应

气温可以决定大部分生态系统呼吸的季节变化（R^2>0.76），火炬松林、马尾松林

和麻栎林所对应的指数方程分别为 $R=0.68e^{0.08T}$，$R=0.71e^{0.06T}$ 和 $R=0.76e^{0.08T}$。土壤温度与生态系统呼吸具有更强的相关性（$R^2>0.89$），三种类型森林对应的指数方程分别为 $R=0.46e^{0.11T}$，$R=0.54e^{0.08T}$ 和 $R=0.59e^{0.10T}$。Q_{10} 为 1.91～3.01（图 8.9）。

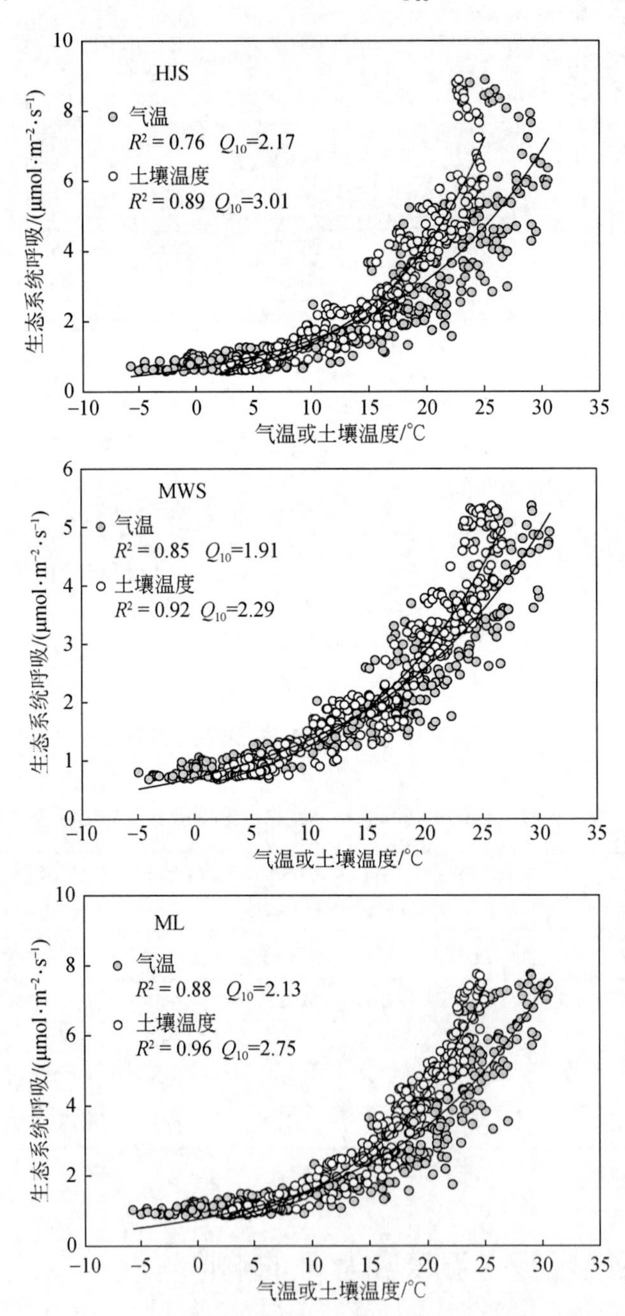

图 8.9　火炬松林、马尾松林和麻栎林生态系统呼吸对气温和土壤温度的响应

此外，研究发现土壤水分也调控生态系统呼吸，在模拟方程中加入水分因子后，方程的 R^2 明显升高。考虑土壤温度和土壤水分双因子后，对应的方程分别如下：

火炬松林：$R=0.11e^{0.12T}W^{0.586}$　　$(R^2=0.995,\ n=365)$

马尾松林：$R=0.198e^{0.09T}W^{0.405}$　　$(R^2=0.992,\ n=365)$

麻栎林：$R=0.303e^{0.105T}W^{0.276}$　　$(R^2=0.987,\ n=365)$

式中，T 为温度；W 为土壤含水量。

8.4　讨　　论

研究发现火炬松林、马尾松林和麻栎林的年生态系统呼吸总量分别为 993.5gC · m^{-2} · a^{-1}、803.7gC · m^{-2} · a^{-1} 和 1085.2gC · m^{-2} · a^{-1}，与其他研究是可比的。Tang 等（2008）估算了硬木林和铁杉林的生态系统呼吸，发现 2003 年的年生态系统呼吸分别为 1027gC · m^{-2} · a^{-1} 和 935gC · m^{-2} · a^{-1}，2004 年的年平均值分别为 999gC · m^{-2} · a^{-1} 和 908gC · m^{-2} · a^{-1}。Bolstad 等（2004）发现 25 年生的白杨林在不同年份释放 CO_2 量为 993 ~ 1076gC · m^{-2} · a^{-1}，与本章的结果基本一致，但他们同样发现 40 年生的白杨林和硬木林的变化范围分别为 1295 ~ 1496gC · m^{-2} · a^{-1} 和 1089 ~ 1271gC · m^{-2} · a^{-1}，比本章估算的生态系统呼吸要高。生态系统呼吸的变化可能取决于森林类型、结构、林龄以及环境条件等。本章中，马尾松林的生态系统呼吸明显低于其他两种森林类型。土壤呼吸贡献了生态系统呼吸的大部分（Xu et al.，2001；Zha et al.，2007），本章中马尾松林土层较薄，土壤贫瘠，因此其土壤呼吸最低，这直接造成了其生态系统呼吸的最低。

火炬松林叶呼吸、树干呼吸和土壤呼吸所占的百分比分别为 32%、11% 和 57%，马尾松林对应的值为 31%、20% 和 50%，麻栎林对应值为 26%、16% 和 59%。Raich 和 Schlesinger（1992）发现土壤呼吸占生态系统呼吸的比例为 48% ~71%，本章的不同类型森林的结果全部处于这个范围。马尾松林较低的贡献率与其薄的土层和低的根呼吸直接相关，火炬松林高的土壤呼吸贡献率除了与其深厚的土层，高的土壤有机质含量有关外，较高的根呼吸也是一个主要的原因。其他一些研究也发现土壤呼吸是生态系统呼吸的主要贡献者（Law et al.，1999b；Xu et al.，2001；Zha et al.，2007；Wang et al.，2010），Bolstad 等（2004）甚至发现土壤呼吸可以贡献生态系统呼吸 80% 以上。叶呼吸是生态系统呼吸的第二大贡献者，这和其他的一些研究结果是一致的（Xu et al.，2001；Wang et al.，2010）。采用四次方程来拟合 LAI 方程，由于 LAI 的测定次数较少，尽管相关系数均高于 0.89，但是可能并不能完全反映实际 LAI 的季节变化。例如，冬季 LAI 应该基本维持在一个水平，但是曲线拟合会一直下降到一个拐点然后再上升。而且本章所测定的是生态系统水平的 LAI，并没有区分开主要树种与其他小乔木、灌木等，而叶呼吸仅仅测定了主要树种，这可能给结果的估算带来一定的偏差。

温度是影响生态系统呼吸各组分的最主要的因子，也是生态系统呼吸最主要的影响因子。以往研究发现，气温和土壤温度可以很好地决定生态系统呼吸，R^2 达到 0.75 以上。Xu 等（2001）也拟合了温度和生态系统呼吸的关系，发现气温和土壤温度可以决定生态系统呼吸的 85% 以上。Yu 等（2008）对我国长白山、千烟洲和鼎湖山不同森林类型的研究发现，尽管不同森林类型的生态系统呼吸对温度的响应是不同的，但温度均是最主要的调控因子。本章结论还表明，加入水分因子后拟合方程的 R^2 显著升高。其他一些学者也发现土壤水分控制着生态系统呼吸，尤其是在季节性干旱地区（Yu et al.，2005；Wen et al.，2006）。本章中的样地出现几次干旱事件，干旱后的降雨造成生态系统呼吸急剧增加，加入水分因子后，拟合方程的决定系数明显增加。

参考文献

曹明奎，于贵瑞，刘纪远，等. 2004. 陆地生态系统碳循环的多尺度试验观测和跨尺度机理模拟. 中国科学D辑，34：1-14.

陈全胜，李凌浩，韩兴国，等. 2004. 土壤呼吸对温度升高的适应. 生态学报，24（11）：2649-2655.

陈宜瑜，陈泮勤，葛全胜，等. 2002. 全球变化研究进展与展望. 地学前缘，9（1）：11-18.

丁一汇，任国玉. 2008. 中国气候变化科学概论. 北京：气象出版社.

丁仲礼，段晓男，葛全胜，等. 2009. 2050年大气CO_2浓度控制：各国排放权计算. 中国科学D辑，38（8）：1009-1027.

方精云，陈安平. 2001. 中国森林植被碳库动态变化及其意义. 植物学报，43（9）：967-973.

方精云，王娓. 2007. 作为地下过程的土壤呼吸：我们理解了多少？植物生态学报，31（3）：345-347.

韩广轩，周广胜. 2009. 土壤呼吸作用时空动态变化及其影响机制研究与展望. 植物生态学报，33（1）：197-205.

姜丽芬，石福臣，祖元刚，等. 2003. 不同年龄兴安落叶松树干呼吸及其与环境因子关系的研究. 植物研究，23（3）：296-301.

蒋高明，黄银晓. 1997. 北京山区辽东栎林土壤释放CO_2的模拟实验研究. 生态学报，17（5）：477-482.

刘国华，傅伯杰，方精云. 2000. 中国森林碳动态及其对全球碳平衡的贡献. 生态学报，20（5）：733-740.

刘洪升，刘华杰，王智平，等. 2008. 土壤呼吸的温度敏感性. 地理科学进展，27（4）：51-60.

刘燕华，葛全胜，何凡能，等. 2008. 应对国际CO_2减排压力的途径及我国减排潜力分析. 地理学报，63（7）：675-682.

任书杰，曹明奎，陶波，等. 2006. 陆地生态系统氮状态对碳循环的限制作用研究进展. 地理科学进展，25（4）：58-67.

石新立，王传宽，许飞，等. 2010. 四个温带树种树干呼吸的时间动态及其影响因子. 生态学报，30（15）：3994-4003.

宋朝枢. 1994. 鸡公山自然保护区科学考察集. 北京：中国林业出版社.

王淼，姬兰柱，李秋荣，等. 2005. 长白山地区红松树干呼吸的研究. 应用生态学报，16（1）：7-13.

王淼，武耀祥，武静莲. 2008. 长白山红松针阔叶混交林主要树种树干呼吸速率. 应用生态学报，19（5）：956-960.

王娓，汪涛，彭书时，等. 2007. 冬季土壤呼吸：不可忽视的地气CO_2交换过程. 植物生态学报，31（3）：394-402.

王文杰，胡英，王慧梅，等. 2007. 环剥对红松（Pinuskoraiensis）韧皮部和木质部碳水化合物的影响. 生态学报，27（8）：3472-3481.

王秀伟，毛子军. 2013. 输导组织结构对液流速度和树干CO_2释放通量的影响. 北京林业大学学报，35（4）：58-63.

魏国军，盛浩，杨智杰，等. 2009. 亚热带4种行道树树干表面CO_2释放速率昼夜动态. 亚热带资源与环境学报，4 (1)：23-31.

吴仲民，曾庆波，李意德，等. 1997. 尖峰岭热带森林土壤C储量和CO_2排放量的初步研究. 植物生态学报，21 (5)：416-423.

严玉平，沙丽清，曹敏. 2008. 西双版纳热带季节雨林优势树种树干呼吸特征. 植物生态学报，32 (1)：23-30.

严玉平，沙丽清，曹敏，等. 2006. 西双版纳三种树木树干呼吸日变化特征. 山地学报，24 (3)：268-276.

杨洪晓，吴波，张金屯，等. 2005. 全球森林生森林生态系统的固碳功能和碳储量研究进展. 北京师范大学学报：自然科学版，41 (2)：172-177.

杨玉盛，陈光水，董彬，等. 2004. 格氏栲天然林和人工林土壤呼吸对干湿交替的响应. 生态学报，24 (5)：953-958.

叶笃正，符淙斌，董文杰. 2002. 全球变化科学进展与未来趋势. 地球科学进展，17 (4)：467-469.

于贵瑞. 2003. 全球变化与陆地生态系统碳循环和碳蓄积. 北京：气象出版社.

张海燕，王传宽，王兴昌，等. 2013. 白桦和紫椴树干非结构性碳水化合物的空间变异. 应用生态学报，24 (11)：3050-3056.

张军辉，韩士杰，孙晓敏，等. 2004. 冬季强风条件下森林冠层/大气界面开路涡动相关CO_2净交换通量的修正. 中国科学D辑，34：77-83.

张娜，于贵瑞，赵士洞，等. 2003. 长白山自然保护区生态系统碳平衡研究. 环境科学，24 (1)：24-32.

郑云普，王贺新，娄鑫，等. 2014. 木本植物非结构性碳水化合物变化及其影响因子研究进展. 应用生态学报，25 (4)：1188-1194.

周存宇，周国逸，王迎红，等. 2005. 鼎湖山针阔叶混交林土壤呼吸的研究. 北京林业大学学报，27 (4)：23-27.

周广胜，贾丙瑞，韩广轩，等. 2008. 土壤呼吸作用普适性评估模型构建的设想. 中国科学C辑，38 (3)：293-302.

朱丽薇，赵平，倪广艳，等. 2011. 荷木树干CO_2释放通量的个体间差异及树干液流的效应. 应用与环境生物学报，17 (4)：447-452.

Aber J D, McDowell W, Nadelhoffer K J, et al. 1998. Nitrogen saturation in northern forest ecosystems, hypotheses revisited. BioScience, 48: 921-934.

Acosta M, Brossaud J. 2001. Stem and branch respiration in a Norway spruce forest stand. Journal of Forest Science, 47 (3): 136-140.

Acosta M, Pavelka M, Pokorny R, et al. 2008. Seasonal variation in CO_2 efflux of stems and branches of Norway spruce trees. Annals of Botany, 101 (3): 469-477.

Agrawal A, Chhatre A, Hardin R. 2008. Changing governance of the world ' s forests. Science, 320: 1460-1462.

Almagro M, Lopez J, Querejeta J I, et al. 2009. Temperature dependence of soil CO_2 efflux is strongly modulated by seasonal patterns of moisture availability in a Mediterranean ecosystem. Soil Biology and Biochemistry, 41 (3): 594-605.

Amthor J S. 1989. Respiration and crop productivity. New York: Springer-Verlag.

Amthor J S. 2000. The McCree-de Wit-Penning de Vries-Thornley respiration paradigms: 30 years later. Annals of Botany, 86 (1): 1-20.

Andrews J A, Harrison K G, Matamala R, et al. 1999. Separation of root respiration from total soil respiration using Carbon-13 labeling during Free-Air Carbon Dioxide Enrichment (FACE). Soil Science Society of America Journal, 63 (5): 1429-1435.

Araki M G, Utsugi H, Kajimoto T, et al. 2010. Estimation of whole-stem respiration, incorporating vertical and seasonal variations in stem CO_2 efflux rate, of *Chamaecyparis obtusa* trees. Journal of Forest Research, 15 (2): 115-122.

Atkin O K, Tjoelker M G. 2003. Thermal acclimation and the dynamic response of plant respiration to temperature. Trends in Plant Science, 8 (7): 343-351.

Aubinet M, Chermanne B, Vandenhaute M, et al. 2001. Long term carbon dioxide exchange above a mixed forest in the Belgian Ardennes, Agricultural and Forest Meteorology, 108 (4): 293-315.

Baath E, Wallander H. 2003. Soil and rhizosphere microorganisms have the same Q_{10} for respiration in a model system. Global Change Biology, 9 (12): 1788-1791.

Bader N E, Cheng W X. 2007. Rhizosphere priming effect of Populus fremontii obscures the temperature sensitivity of soil organic carbon respiration. Soil Biology and Biochemistry, 39 (2): 600-606.

Baldocchi D D. 2003. Assessing the eddy covariance technique for evaluating carbon dioxide exchange rates of ecosystems: Past, present and future. Global Change Biology, 9 (4): 479-492.

Baldocchi D D, Vogel C A, Hall B. 1997. Seasonal variation of carbon dioxide exchange rates above and below a boreal jack pine forest. Agricultural and Forest Meteorology, 83 (1): 147-170.

Berg B, McClaugherty C. 2008. Plant litter: Decomposition, humus formation, carbon sequestration. Berlin: Springer-Verlag.

Bhupinderpal S, Nordgren A, Lofvenius M O, et al. 2003. Tree root and soil heterotrophic respiration as revealed by girdling of boreal scots pine forest: Extending observations beyond the first year. Plant Cell and Environment, 26 (8): 1287-1296.

Biasi C, Rusalimova O, Meyer H, et al. 2005. Temperature-dependent shift from labile to recalcitrant carbon sources of arctic heterotrophs. Rapid Communications in Mass Spectrometry, 19 (11): 1401-1408.

Binkley D, Stape J L, Takahashi E N, et al. 2006. Tree-girdling to separate root and heterotrophic respiration in two Eucalyptus stands in Brazil. Oecologia, 148 (3): 447-454.

Black T A, Den Hartog G, Neumann H H. 1996. Annual cycles of water vapour and carbon dioxide fluxes in and above a boreal aspen forest. Global Change Biology, 2 (3): 219-229.

Blagodatskaya E, Kuzyakov Y. 2008. Mechanisms of real and apparent priming effects and their dependence on soil microbial biomass and community structure: Critical review. Biology and Fertility of Soils, 45 (2): 115-131.

Bol R, Bolger T, Cully R, et al. 2003. Recalcitrant soil organic materials mineralize more efficiently at higher temperatures. Journal of Plant Nutrition and Soil Science, 166 (3): 300-307.

Bolstad P V, Davis K J, Martin J, et al. 2004. Component and whole- system respiration fluxes in northern deciduous forests. Tree Physiology, 24 (5): 493-504.

Bonan G B. 2008. Forests and climate change: Forcings, feedbacks, and the climate benefits of forests. Science, 320: 1444-1449.

Bond-Lamberty B, Wang C K, Gower S T. 2004a. A global relationship between the heterotrophic and autotrophic components of soil respiration? Global Change Biology, 10 (10): 1756-1766.

Bond-Lamberty B, Wang C K, Gower S T. 2004b. Contribution of root respiration to soil surface CO_2 flux in a boreal black spruce chronosequence. Tree Physiology, 24 (12): 1387-1395.

Boone R D, Nadelhoffer K J, Canary J D, et al. 1998. Roots exert a strong influence on the temperature sensitivity of soil respiration. Nature, 396: 570-572.

Bosatta E, Agren G I. 1999. Soil organic matter quality interpreted thermodynamically. Soil Biology and Biochemistry, 31 (13): 1889-1891.

Bosc A, Grandcourt A D, Loustau D. 2003. Variability of stem and branch maintenance respiration in a *Pinus pinaste*r tree. Tree Physiology, 23 (4): 227-236.

Bowden R D, Davidson E, Savage K, et al. 2004. Chronic nitrogen additions reduce total soil respiration and microbial respiration in temperate forest soils at the Harvard Forest. Forest Ecology and Management, 196 (1): 43-56.

Bowden R D, Newkirk K M, Rullo G M. 1998. Carbon dioxide and methane fluxes by a forest soil under Laboratory- controlled moisture and temperature conditions. Soil Biology and Biochemistry, 30 (12): 1591-1597.

Bowling D R, McDowell N G, Bond B J, et al. 2002. ^{13}C content of ecosystem respiration is linked to precipitation and vapor pressure deficit. Oecologia, 131 (1): 113-124.

Bowman W P, Barbour M M, Turnbull M H, et al. 2005. Sap flow rates and sapwood density are critical factors in within- and between-tree variation in CO_2 efflux from stems of mature *Dacrydium cupressinum* trees. New Phytologist, 167 (3): 815-828.

Bowman W P, Turnbull M H, Tissue D T, et al. 2008. Sapwood temperature gradients between lower stems and the crown do not influence estimates of stand-level stem CO_2 efflux. Tree Physiology, 28 (10): 1553-1559.

Brito P, Morales D, Wieser G, et al. 2010. Spatial and seasonal variations in stem CO_2 efflux of Pinus canariensis at their upper distribution limit. Trees: Structure and Function, 24 (2): 523-531.

Carey E, Callaway R M, DeLucia E H. 1997. Stem respiration of ponderosa pines grown in contrasting climates: Implications for global climate change. Oecologia, 111 (1): 19-25.

Cerasoli S, McGuire M A, Faria J, et al. 2009. CO_2 efflux, CO_2 concentration and photosynthetic refixation in stems of *Eucalyptus globulus* (Labill.). Journal of Experimental Botany, 60 (1): 99-105.

Ceschia E, Damesin C, Lebaube S, et al. 2002. Spatial and seasonal variations in stem respiration of beech trees (*Fagus sylvatica*). Annals of Forest Science, 59 (8): 801-812.

Chen H, Tian H Q. 2005. Does a general temperature-dependent Q_{10} model of soil respiration exist at biome and global scale? Journal of Integrative Plant Biology, 47 (1): 1288-1302.

Chen Q S, Li L H, Han X G, et al. 2004. Acclimatization of soil respiration to warming. Acta Ecologica Sinica, 24 (11): 2649-2655.

Chen Q S, Wang Q B, Han X G, et al. 2010. Temporal and spatial variability and controls of soil respiration in a temperate steppe in northern China. Global Biogeochemical Cycles, 24 (2): GB2010.

Cheng W X. 2009. Rhizosphere priming effect: Its functional relationships with microbial turnover, evapotranspiration, and C-N budgets. Soil Biology and Biochemistry, 41 (9): 1795-1801.

Cisneros-Dozal L M, Trumbore S, Hanson P J. 2006. Partitioning sources of soil-respired CO_2 and their seasonal variation using a unique radiocarbon tracer. Global Change Biology, 12 (2): 194-204.

Cleveland C C, Wieder W R, Reed S C, et al. 2010. Experimental drought in a tropical rain forest increases soil carbon dioxide losses to the atmosphere. Ecology, 91 (8): 2313-2323.

Conant R T, Dalla-Betta P, Klopatek C C, et al. 2004. Controls on soil respiration in semiarid soils. Soil Biology and Biochemistry, 36 (6): 945-951.

Conen F, Leifeld J, Seth B, et al. 2006. Warming mineralises young and old soil carbon equally. Biogeosciences, 3 (4): 515-519.

Cox P M, Betts RA, Jones CD, et al. 2000. Acceleration of global warming due to carbon-cycle feedbacks in a coupled climate model. Nature, 408 (6809): 184-187.

Craine J, Spurr R, McLauchlan K, et al. 2010. Landscape-level variation in temperature sensitivity of soil organic carbon decomposition. Soil Biology and Biochemistry, 42 (2): 373-375.

Crow S E, Lajtha K, Bowden RD, et al. 2009. Increased coniferous needle inputs accelerate decomposition of soil carbon in an old-growth forest. Forest Ecology and Management, 258 (10): 2224-2232.

Damesin C, Ceschia E, Goff N L, et al. 2002. Stem and branch respiration of beech: From tree measurements to estimations at the stand level. New Phytologist, 153 (1): 159-172.

Davidson E A, Janssens I A. 2006. Temperature sensitivity of soil carbon decomposition and feedbacks to climate change. Nature, 440 (7081): 165-173.

Davidson E A, Belk E, Boone R D. 1998. Soil water content and temperature as independent or confounded factors controlling soil respiration in a temperate mixed hardwood forest. Global Change Biology, 4 (2): 217-227

Davidson E A, Trumbore S E, Amundson R. 2000. Biogeochemistry: Soil warming and organic carbon content. Nature, 408: 789-790.

Davidson E A, Savage K, Bolstad P, et al. 2002. Belowground carbon allocation in forests estimated from litterfall and IRGA-based soil respiration measurements. Agricultural and Forest Meteorology, 113 (1): 39-51.

Davidson E A, Janssens I A, Luo Y Q. 2006. On the variability of respiration in terrestrial ecosystems: Moving beyond Q_{10}. Global Change Biology, 12 (2): 154-164.

DeDeyn G B, Cornelissen J H C, Bardgett R D. 2008. Plant functional traits and soil carbon sequestration in contrasting biomes. Ecology Letters, 11 (5): 516-531.

DeForest J L, Chen J Q, McNulty S G. 2009. Leaf litter is an important mediator of soil respiration in an oak-dominated forest. International Journal of Biometeorology, 53 (2): 127-134.

Dilly O, Zyakun A. 2008. Priming effect and respiratory quotient in a forest soil amended with glucose. Geomicrobiology Journal, 25: 425-431.

Dilustro J J, Collins B, Duncan L, et al. 2005. Moisture and soil texture effects on soil CO_2 efflux components in southeastern mixed pine forests. Forest Ecology and Management, 204 (1): 87-97.

Díaz-Pinés E, Schindlbacher A, Pfeffer M, et al. 2010. Root trenching: A useful tool to estimate autotrophic soil respiration? A case study in an Austrian mountain forest. European Journal of Forest Research, 129 (1): 101-109.

Edwards N T, Hanson P J. 1996. Stem respiration in a closed-canopy upland oak forest. Tree Physiology, 16 (4): 433-439.

Edwards N T, Tschaplinski T J, Norby R J. 2002. Stem respiration increases in CO_2-enriched sweetgum trees. New Phytologist, 155 (2): 239-248.

Eliasson P E, McMurtrie R E, Pepper D A, et al. 2005. The response of heterotrophic CO_2 flux to soil warming. Global Change Biology, 11 (1): 167-181.

Epron D, Nouvellon Y, Deleporte P, et al. 2006. Soil carbon balance in a clonal Eucalyptus plantation in Congo: Effects of logging on carbon inputs and soil CO_2 efflux. Global Change Biology, 12: 1021-1031.

Fang C, Moncrieff J B. 2001. The dependence of soil CO_2 efflux on temperature. Soil Biology and Biochemistry, 33 (2): 155-165.

Fang C, Smith P, Moncrieff J B, et al. 2005. Similar response of labile and resistant soil organic matter pools to changes in temperature. Nature, 433 (7021): 57-59.

Fang C, Smith P, Smith J U. 2006. Is resistant soil organic matter more sensitive to temperature than the labile organic matter? Biogeosciences, 3: 65-68.

Fang J Y, Wang W. 2007. Soil respiration as a key belowground process: Issues and perspectives. Journal of Plant Ecology, 31 (3): 345-347.

Fierer N, Allen A S, Schimel J P, et al. 2003. Controls on microbial CO_2 production: A comparison of surface and subsurface soil horizons. Global Change Biology, 9: 1322-1332.

Fierer N, Craine J M, McLauchlan K, et al. 2005. Litter quality and the temperature sensitivity of decomposition. Ecology, 86 (2): 320-326.

Fierer N, Colman B P, Schimel J P, et al. 2006. Predicting the temperature dependence of microbial respiration in soil: A continental-scale analysis. Global Biogeochemical Cycles, 20: GB3026.

Fontaine S, Mariotti A, Abbadie L. 2003. The priming effect of organic matter: A question of microbial competition? Soil Biology and Biochemistry, 35 (6): 837-843.

Frank A B. 2002. Carbon dioxide fluxes over a grazed prairie and seeded pasture in the Northern Great Plains. Environmental Pollution, 116 (3): 397-403.

Franzluebbers A J, Haney R L, Honeycutt C W, et al. 2001. Climatic influences on active fractions of soil organic matter. Soil Biology and Biochemistry, 33 (7-8): 1103-1111.

Galbraith D, Malhi Y, Affum-Baffoe K, et al. 2013. Residence times of woody biomass in tropical forests. Plant Ecology &Diversity, 6 (1): 139-157.

Gansert D. 2004. A new type of cuvette for the measurement of daily variation of CO_2 efflux from stems and branches in controlled temperature conditions. Trees: Structure and Function, 18 (2): 221-229.

Gaudinski J B, Trumbore S E, Davidson E A, et al. 2000. Soil carbon cycling in a temperate forest: Radiocarbon-based estimates of residence times, sequestration rates and partitioning of fluxes. Biogeochemistry, 51 (1): 33-69.

Gaumont-Guay D, Black T A, Griffis T J, et al. 2006. Interpreting the dependence of soil respiration on soil temperature and water content in a boreal aspen stand. Agricultural and Forest Meteorology, 140 (1-4): 220-235.

Gaumont-Guay D, Black T A, Barr A G, et al. 2008. Biophysical controls on rhizospheric and heterotrophic components of soil respiration in a boreal black spruce stand. Tree Physiology, 28 (2): 161-171.

Gaumont-Guay D, Black T A, McCaughey H, et al. 2009. Soil CO_2 efflux in contrasting boreal deciduous and coniferous stands and its contribution to the ecosystem carbon balance. Global Change Biology, 15: 1302-1319.

Gershenson A, Bader N E, Cheng W. 2009. Effects of substrate availability on the temperature sensitivity of soil organic matter decomposition. Global Change Biology, 15 (1): 176-183.

Giardina C P, Ryan M G. 2000. Evidence that decomposition rates of organic carbon in mineral soil do not vary with temperature. Nature, 404 (6780): 858-861.

Goldstein A H, Hultman N E, Fracheboud J M, et al. 2000. Effects of climate variability on the carbon dioxide, water, and sensible heat fluxes above a ponderosa pine plantation in the Sierra Nevada (CA) . Agricultural and Forest Meteorology, 101 (2-3): 113-129.

Gough C M, Seiler J R, Maier C A. 2004. Short-term effects of fertilization on loblolly pine (*Pinus taeda* L.) physiology. Plant, Cell and Environment, 27 (7): 876-886.

Goulden M L, Munger J W, Fan SM, et al. 1996a. Exchange of carbon dioxide by a deciduous forest: Response to interannual climate variability. Science, 271 (5255): 1576-1578.

Goulden M L, Munger J W, Fan SM, et al. 1996b. Measurements of carbon sequestration by long-term eddy covariance: Methods and a critical evaluation of accuracy. Global Change Biology, 2 (3): 169-182.

Graf A, Weihermuller L, Huisman J A, et al. 2008. Measurement depth effects on the apparent temperature sensitivity of soil respiration in field studies. Biogeosciences, 5: 1175-1188.

Granier A, Ceschia E, Damesin C, et al. 2000. The carbon balance of a young Beech forest. Functional Ecology, 14 (3): 312-325.

Grogan P, Jonasson S. 2005. Temperature and substrate controls on intra-annual variation in ecosystem respiration in two subarctic vegetation types. Global Change Biology, 11 (3): 465-475.

Gruber A, Wieser G, Oberhuber W. 2009. Intra-annual dynamics of stem CO_2 efflux in relation to cambial activity and xylem development in Pinus cembra. Tree Physiology, 29 (5): 641-649.

Gu L H, Post W M, King A W. 2004. Fast labile carbon turnover obscures sensitivity of heterotrophic respiration from soil to temperature: A model analysis. Global Biogeochemical Cycles, 18: 246-253.

Göran I. 2000. Temperature dependence of old soil organic matter. Ambio, 29 (1): 55.

Han G X, Zhou G S. 2009. Review of special and temporal variations of soil respiration and driving mechanisms. Chinese Journal of Plant Ecology, 33: 197-205.

Hanson P J, Edwards N T, Garten C T, et al. 2000. Separating root and soil microbial contributions to soil respiration: A review of methods and observations. Biogeochemistry, 48 (1): 115-146.

Hanson P J, O'Neill E G, Chambers M L, et al. 2003. Soil respiration and litter decomposition// Hanson P J, Wullschleger S D. North American Temperate Deciduous Forest Responses to Changing Precipitation Regimes. New York: Springer-Verlag: 163-189.

Harris N L, Hall C A S, Lugo A E. 2008. Estimates of species- and ecosystem-level respiration of woody stems along an elevational gradient in the Luquillo Mountains, Puerto Rico. Ecological Modelling, 216 (3-4): 253-264.

Hartley I P, Ineson P. 2008. Substrate quality and the temperature sensitivity of soil organic matter decomposition. Soil Biology and Biochemistry, 40 (7): 1567-1574.

Hartley I P, Heinemeyer A, Evans S P, et al. 2007. The effect of soil warming on bulk soil vs. rhizosphere respiration. Global Change Biology, 13: 2654-2667.

Hashimoto T, Miura S, Ishizuka S. 2009. Temperature controls temporal variation in soil CO_2 efflux in a secondary beech forest in Appi Highlands, Japan. Journal of Forest Research, 14 (1): 44-50.

Heimann M, Reichstein M. 2008. Terrestrial ecosystem carbon dynamics and climate feedbacks. Nature, 451 (7176): 289-292.

Hirano T, Kim H, Tanaka Y. 2003. Long-term half-hourly measurement of soil CO_2 concentration and soil respiration in a temperate deciduous forest. Journal of Geophysical Research: Atmospheres, 108 (D20) .

Houghton R A, Hackler J L, Lawrence K T. 1999. The US carbon budget: Contributions from land-use change. Science, 285 (5427): 574-578.

Hyvönen R, Agren G I, Linder S, et al. 2007. The likely impact of elevated [CO_2], nitrogen deposition, increased temperature and management on carbon sequestration in temperate and boreal forest ecosystems: A literature review. New Phytologist, 173 (3): 463-480.

Högberg M N, Högberg P. 2002. Extramatrical ectomycorrhizal mycelium contributes one- third of microbial biomass and produces, together with associated roots, half the dissolved organic carbon in a forest soil. New Phytologist, 154 (3): 791-795.

Högberg P, Read D J. 2006. Towards a more plant physiological perspective on soil ecology. Trends in Ecology and Evolution, 21 (10): 548-554.

Högberg P, Nordgren A, Buchmann N, et al. 2001. Large-scale forest girdling shows that current photosynthesis drives soil respiration. Nature, 411 (6839): 789-792.

Högberg P, Bhupinderpal S, Lofvenius M O, et al. 2009. Partitioning of soil respiration into its autotrophic and heterotrophic components by means of tree-girdling in old boreal spruce forest. Forest Ecology and Management, 257: 1764-1767.

IPCC. Intergovernmental Panel on Climate Change. 2007. Climate change 2007: The physical science basis. New York : Cambridge University Press.

Janssens I A, Pilegaard K. 2003. Large seasonal changes in Q_{10} of soil respiration in a beech forest. Global Change Biology, 9: 911-918.

Jassal R S, Black T A, Novak M D, et al. 2008. Effect of soil water stress on soil respiration and its temperature sensitivity in an 18-year-old temperate Douglas-fir stand. Global Change Biology, 14 (6): 1305-1318.

Jiang L F, Shi F C, Zu Y G, et al. 2003. Study on stem respiration of *Larix gmelinii* of different ages and its relationship to environmental factors. Bulletin of botanical research, 23: 296-301.

Jones C D, Cox P, Huntingford C. 2003. Uncertainty in climate- carbon- cycle projections associated with the sensitivity of soil respiration to temperature. Tellus B: Chemical and Physical Meteorology, 55 (2): 642-648.

Kalbitz K, Kaiser K, Bargholz J, et al. 2006. Lignin degradation controls the production of dissolved organic matter in decomposing foliar litter. European Journal of Soil Science, 57 (4): 504-516.

Karhu K, Fritze H, Tuomi M, et al. 2010. Temperature sensitivity of organic matter decomposition in two boreal forest soil profiles. Soil Biology and Biochemistry, 42 (1): 72-82.

Kemmitt S J, Lanyon C V, Waite I S, et al. 2008. Mineralization of native soil organic matter is not regulated by the size, activity or composition of the soil microbial biomass-a new perspective. Soil Biology and Biochemistry, 40 (1): 61-73.

Khomik M, Arain M A, McCaughey J H. 2006. Temporal and spatial variability of soil respiration in a boreal mixedwood forest. Agricultural and Forest Meteorology, 140 (1-4): 244-256.

Kim M H, Nakane K. 2005. Effects of flow rate and chamber position on measurement of stem respiration rate with an open flow system in a Japanese red pine. Forest Ecology and Management, 210 (1-3): 469-476.

Kim M H, Nakane K, Lee J T, et al. 2007. Stem/branch maintenance respiration of Japanese red pine stand. Forest Ecology and Management, 243 (2-3): 283-290.

Kim Y, Ueyama M, Nakagawa F, et al. 2007. Assessment of winter fluxes of CO_2 and CH_4 in boreal forest soils of central Alaska estimated by the profile method and the chamber method: A diagnosis of methane emission and implications for the regional carbon budget. Tellus B: Chemical and Physical Meteorology, 59 (2): 223-233.

King A W, Gunderson C A, Post W M, et al. 2006. Atmosphere-plant respiration in a warmer world. Science, 312: 536-537.

King J A, Harrison R. 2002. Measuring soil respiration in the field: An automated closed chamber system compared with portable IRGA and alkali absorption methods. Communications in Soil Science and Plant Analysis, 33 (3-4): 403-423.

Kirschbaum M U F. 1995. The temperature dependence of soil organic matter decomposition, and the effect of global warming on soil organic C storage. Soil Biology and Biochemistry, 27 (6): 753-760.

Kirschbaum M U F. 2000. Will changes in soil organic carbon act as a positive or negative feedback on global warming? Biogeochemistry, 48 (1): 21-51.

Kirschbaum M U F. 2006. The temperature dependence of organic-matter decomposition - still a topic of debate. Soil Biology and Biochemistry, 38 (9): 2510-2518.

Klimek B, Choczyński M, Juszkiewicz A. 2009. Scots pine (*Pinus sylvestris* L.) roots and soil moisture did not affect soil thermal sensitivity. European Journal of Soil Biology, 45 (5-6): 442-447.

Knohl A, Søe A R B, Kutsch W L, et al. 2008. Representative estimates of soil and ecosystem respiration in an old beech forest. Plant and Soil, 302 (1-2): 189-202.

Knorr W, Prentice I C, House J I, et al. 2005. Long-term sensitivity of soil carbon turnover to warming. Nature, 433 (7023): 298-301.

Kutsch W L. 2003. Non-structural carbon compounds in temperate forest trees. Plant, Cell and Environment, 26: 1067-1081.

Kutsch W L, Staack A, Wöjtzel J, et al. 2001. Field measurements of root respiration and total soil respiration in an alder forest. New Phytologist, 150 (1): 157-168.

Kuzyakov Y. 2006. Sources of CO_2 efflux from soil and review of partitioning methods. Soil Biology and Biochemistry, 38 (3): 425-448.

Kuzyakov Y. 2010. Priming effects: Interactions between living and dead organic matter. Soil Biology and Biochemistry, 42 (9): 1363-1371.

Lagomarsino A, Angelis P D, Moscatelli M C, et al. 2009. The influence of temperature and labile C substrates on heterotrophic respiration in response to elevated CO_2 and nitrogen fertilization. Plant and Soil, 317 (1-2): 223-234.

Lamade E, Djegui N, Leterme P. 1996. Estimation of carbon allocation to the roots from soil respiration measurements of oil palm. Plant and Soil, 181: 329-339.

Landsberg J J. 1986. Physiological ecology of forest production. London: Academic Press.

Lavigne M B. 1996. Comparing stem respiration and growth of jack pine provenances from northern and southern locations. Tree Physiology, 16: 847-852.

Lavigne M B, Ryan M G. 1997. Growth and maintenance respiration rates of aspen, black spruce and jack pine stems at northern and southern BOREAS sites. Tree Physiology, 17 (8-9): 543-551.

Lavigne M B, Franklin S E, Hunt E R. 1996. Estimating stem maintenance respiration rates of dissimilar balsam flr stands. Tree Physiology, 16 (8): 687-695.

Lavigne M B, Ryan M G, Anderson D E, et al. 1997. Comparing nocturnal eddy covariance measurements to estimates of ecosystem respiration made by scaling chamber measurements at six coniferous boreal sites. Journal of Geophysical Research: Atmospheres, 102 (24): 28977-28985.

Lavigne M B, Foster R J, Goodine G. 2004a. Seasonal and annual changes in soil respiration in relation to soil temperature, water potential and trenching. Tree Physiology, 24 (4): 415-424.

Lavigne M B, Little C H A, Riding R T. 2004b. Changes in stem respiration rate during cambial reactivation can be used to refine estimates of growth and maintenance respiration. New Phytologist, 162 (1): 81-93.

Law B E, Baldocchi D D, Anthoni P M. 1999a. Below-canopy and soil CO_2 fluxes in a ponderosa pine forest. Agricultural and Forest Meteorology, 94 (3-4): 171-188.

Law B E, Ryan M G, Anthoni P M. 1999b. Seasonal and annual respiration of a ponderosa pine ecosystem. Global Change Biology, 5: 169-182.

Law B E, Thornton P E, Irvine J, et al. 2001. Carbon storage and fluxes in ponderosa pine forests at different developmental stages. Global Change Biology, 7: 755-777.

Lee M S, Nakane K, Nakatsubo T, et al. 2003. Seasonal changes in the contribution of root respiration to total soil respiration in a cool-temperate deciduous forest. Plant and Soil, 255 (1): 311-318.

Lee N Y, Koo J W, Noh N J, et al. 2010. Seasonal variation in soil CO_2 efflux in evergreen coniferous and broad-leaved deciduous forests in a cool-temperate forest, central Korea. Ecology Research, 25 (3): 609-617.

Leifeld J. 2003. Comments on "Recalcitrant soil organic materials mineralize more efficiently at higher temperatures" by R. Bol, T. Bolger, R. Cully, and D. Little; J. Plant Nutr. Soil Sci 166, 300-307 (2003). Journal of Plant Nutrition and Soil Science, 166 (6): 777-778.

Leifeld J, Fuhrer J. 2005. The temperature response of CO_2 production from bulk soils and soil fractions is related to soil organic matter quality. Biogeochemistry, 75 (3): 433-453.

Levy P E, Jarvis P G. 1998. Stem CO_2 fluxes in two Sahelian shrub species (*Guiera senegalensis* and *Combretum micranthum*). Functional Ecology, 12 (1): 107-116.

Li H J, Yan J X, Yue X F, et al. 2008. Significance of soil temperature and moisture for soil respiration in a Chinese mountain area. Agricultural and Forest Meteorology, 148 (3): 490-503.

Liski J, Ilvesniemi H, Mäkelä A, et al. 1999. CO_2 emissions from soil in response to climatic warming are overestimated—The decomposition of old soil organic matter is tolerant of temperature. Ambio, 28 (2): 171-174.

Liu H S, Liu H J, Wang Z P, et al. 2008. The temperature sensitivity of soil respiration. Progress in Geography, 27 (4): 51-60.

Lloyd J, Taylor J A. 1994. On the Temperature dependence of soil respiration. Functional Ecology, 8 (3): 315-323.

Loveys B R, Atkinson L J, Sherlock D J, et al. 2003. Thermal acclimation of leaf and root respiration: An investigation comparing inherently fast- and slow-growing plant species. Global Change Biology, 9: 895-910.

Luo Y Q. 2007. Terrestrial carbon-cycle feedback to climate warming. Annual Review of Ecology , Evolution, and Systematics, 38 (1): 683-712.

Luo Y Q, Zhou X H. 2006. Soil respiration and the environment. Oxford: Elsevier Press.

Luo Y Q, Wan S Q, Hui D F, et al. 2001. Acclimatization of soil respiration to warming in a tall grass prairie. Nature, 413 (6856): 622-625.

Lützow M V, Kögel-Knabner I. 2009. Temperature sensitivity of soil organic matter decomposition-what do we know? Biology and Fertility of Soils, 46 (1): 1-15.

Madritch M D, Hunter M D. 2003. Intraspecific litter diversity and nitrogen deposition affect nutrient dynamics and soil respiration. Oecologia, 136 (1): 124-128.

Maier C A. 2001. Stem growth and respiration in loblolly pine plantations differing in soil resource availability. Tree Physiology, 21 (16): 1183-1193.

Maier C A, Kress L W. 2000. Soil CO_2 evolution and root respiration in 11 year-old loblolly pine (Pinus taeda) plantations as affected by moisture and nutrient availability. Canadian Journal of Forest Research, 30 (3): 347-359.

Maier C A, Clinton B D. 2006. Relationship between stem CO_2 efflux, stem sap velocity and xylem CO_2 concentration in young loblolly pine trees. Plant Cell and Environment, 29 (8): 1471-1483.

Maier C A, Zarnoch S J, Dougherty P M. 1998. Effects of temperature and tissue nitrogen on dormant season stem and branch maintenance respiration in a young loblolly pine (Pinus taeda) plantation. Tree Physiology, 18 (1): 11-20.

Maier C A, Johnsen K H, Clinton B D, et al. 2010. Relationships between stem CO_2 efflux, substrate supply, and growth in young loblolly pine trees. New Phytologist, 185 (2): 502-513.

Maunoury-Danger F, Fresneau C, Eglin T, et al. 2010. Impact of carbohydrate supply on stem growth, wood and respired $CO_2\delta^{13}C$: Assessment by experimental girdling. Tree Physiology, 30 (7): 818-830.

McCulley R L, Boutton T W, Archer S R. 2007. Soil respiration in a subtropical savanna parkland: Response to water additions. Soil Science Society of America Journal, 71 (3): 820-828.

McGuire M A, Cerasoli S, Teskey R O. 2007. CO_2 fluxes and respiration of branch segments of sycamore (Platanus occidentalis L.) examined at different sap velocities, branch diameters, and temperatures. Journal of Experimental Botany, 58 (8): 2159-2168.

Melillo J M, Steudler P A, Aber J D, et al. 2002. Soil warming and carbon-cycle feedbacks to the climate system. Science, 298 (5601): 2173-2176.

Mikan C J, Schimel J P, Doyle A P. 2002. Temperature controls of microbial respiration in arctic tundra soils above and below freezing. Soil Biology and Biochemistry, 34 (11): 1785-1795.

Mo J, Zhang W, Zhu W, et al. 2008. Nitrogen addition reduces soil respiration in a mature tropical forest in southern China. Global Change Biology, 14: 403-412.

Molchanov A G. 2009. Effect of moisture availability on photosynthetic productivity and autotrophic respiration of an oak stand. Russian Journal of Plant Physiology, 56 (6): 769-779.

Moore D J P, Gonzalez-Meler MA, Taneva L, et al. 2008. The effect of carbon dioxide enrichment on apparent stem respiration from Pinus taeda L. is confounded by high levels of soil carbon dioxide. Oecologia, 158 (1): 1-10.

Moyano F E, Kutsch W L, Rebmann C. 2008. Soil respiration fluxes in relation to photosynthetic activity in broad-leaf and needle-leaf forest stands. Agricultural and Forest Meteorology, 148 (1): 135-143.

Nakane K, Kohno T, Horikoshi T. 1996. Root respiration rate before and just after clear-felling in a mature, deciduous, broad-leaved forest. Ecological Research, 11 (2): 111-119.

Ngao J, Longdoz B, Granier A, et al. 2007. Estimation of autotrophic and heterotrophic components of soil respiration by trenching is sensitive to corrections for root decomposition and changes in soil water content. Plant and Soil, 301 (1-2): 99-110.

Niklińska M, Maryański M, Laskowski R. 1999. Effect of temperature on humus respiration rate and nitrogen mineralization: Implications for global climate change. Biogeochemistry, 44 (3): 239-257.

Nikolova P S, Raspe S, Andersen C P, et al. 2009. Effects of the extreme drought in 2003 on soil respiration in a mixed forest. European Journal of Forest Research, 128 (2): 87-98.

Noormets A, Gavazzi M J, McNulty S G, et al. 2010. Response of Carbon fluxes to drought in a coastal plain loblolly pine forest. Global Change Biology, 16: 272-287.

Ogawa K. 2006. Stem respiration is influenced by pruning and girdling inPinus sylvestris. Scandinavian Journal of Forest Research, 21 (4): 293-298.

Öquist M G, Sparrman T, Klemedtsson L, et al. 2009. Water availability controls microbial temperature responses in frozen soil CO_2 production. Global Change Biology, 15 (11): 2715-2722.

Paembonan S A, Hagihara A, Hozumi K. 1991. Long-term measurement of CO_2 release from the aboveground parts of a hinoki forest tree in relation to air temperature. Tree Physiology, 8 (4): 399-405.

Panshin A J, Zeeuw C D. 1970. Textbook of wood technology. New York: McGraw-Hill.

Pavelka M, Acosta M, Marek M V, et al. 2007. Dependence of the Q_{10} values on the depth of the soil temperature measuring point. Plant and Soil, 292 (1-2): 171-179.

Peng S, Piao S, Wang T, et al. 2009. Temperature sensitivity of soil respiration in different ecosystems in China. Soil Biology and Biochemistry, 41 (5): 1008-1014.

Piao S L, Ciais P, Friedlingstein P, et al. 2009. Spatiotemporal patterns of terrestrial carbon cycle during the 20th century. Global Biogeochemical Cycles, 23 (4): GB4026.

Piao S L, Luyssaert S, Ciais P, et al. 2010. Forest annual carbon cost: a global-scale analysis of autotrophic respiration. Ecology, 91 (3): 652-661.

Pregitzer K S, King J S, Burton A J, et al. 2000. Responses of tree fine roots to temperature. New Phytologist,

147 (1): 105-115.

Raich J W, Potter C S. 1995. Global patterns of carbon dioxide emissions from soils. Global Biogeochemical Cycles, 9 (1): 23-36.

Raich J W, Schlesinger W H. 1992. The global carbon dioxide flux in soil respiration and its relationship to vegetation and climate. Tellus B: Chemical and Physical Meteorology, 44 (2): 81-99.

Raich J W, Potter C S, Bhagawati D. 2002. Interannual variability in global soil respiration, 1980-94. Global Change Biology, 8 (8): 800-812.

Reichstein M, Rey A, Freibauer A, et al. 2003. Modeling temporal and large-scale spatial variability of soil respiration from soil water availability, temperature and vegetation productivity indices. Global Biogeochemical Cycles, 17 (4): 1104.

Reichstein M, Subke J A, Angeli A C, et al. 2005. Does the temperature sensitivity of decomposition of soil organic matter depend upon water content, soil horizon, or incubation time? Global Change Biology, 11 (10): 1754-1767.

Rey A, Jarvis P. 2006. Modelling the effect of temperature on carbon mineralization rates across a network of European forest sites (FORCAST). Global Change Biology, 12 (10): 1894-1908.

Rey A, Pegoraro E, Tedeschi V, et al. 2002. Annual variation in soil respiration and its components in a coppice oak forest in Central Italy. Global Change Biology, 8 (9): 851-866.

Ruehr N K, Buchmann N. 2010. Soil respiration fluxes in a temperate mixed forest: Seasonality and temperature sensitivities differ among microbial and root-rhizosphere respiration. Tree Physiology, 30 (2): 165-176.

Ruimy A, Jarvis P G, Baldocchi D D, et al. 1995. CO_2 fluxes over plant canopies and solar radiation: A review. Advances in Ecological Research, 26 (26): 1-68.

Ryan M G. 1990. Growth and maintenance respiration in stems of Pinuscontorta and Piceaengelmannii. Canadian Journal of Forest Research, 20 (1): 48-57.

Ryan M G, Waring R H. 1992. Maintenance respiration and stand development in a subalpine lodgepole pine forest. Ecology, 73 (6): 2100-2108.

Ryan M G, Law B E. 2005. Interpreting, measuring, and modeling soil respiration. Biogeochemistry, 73 (1): 3-27.

Ryan M G, Hubbard R M, Clark D A, et al. 1994. Woody-tissue respiration for Simarouba amara and Minquartia guianensis, two tropical wet forest trees with different growth habits. Oecologia, 100 (3): 213-220.

Ryan M G, Gower S T, Hubbard R M, et al. 1995. Woody tissue maintenance respiration of four conifers in contrasting climates. Oecologia, 101 (2): 133-140.

Ryan M G, Hubbard R M, Pongracic S, et al. 1996. Foliage, fine-root, woody-tissue and stand respiration in Pinus radiata in relation to nitrogen status. Tree Physiology, 16 (3): 333-343.

Ryan M G, Cavaleri M A, Almeida A C, et al. 2009. Wood CO_2 efflux and foliar respiration for Eucalyptus in Hawaii and Brazil. Tree Physiology, 29 (10): 1213-1222.

Sampson D A, Janssens I A, Yuste J C, et al. 2007. Basal rates of soil respiration are correlated with photosynthesis in a mixed temperate forest. Global Change Biology, 13 (9): 2008-2017.

Savage K, Davidson E A, Richardson A D, et al. 2009. Three scales of temporal resolution from automated soil respiration measurements. Agricultural and Forest Meteorology, 149 (11): 2012-2021.

Saveyn A, Steppe K, Lemeur R. 2007a. Daytime depression in tree stem CO_2 efflux rates: Is it caused by low stem turgor pressure? Annals of Botany, 99 (3): 477-485.

Saveyn A, Steppe K, Lemeur R. 2007b. Drought and the diurnal patterns of stem CO_2 efflux and xylem CO_2 concentration in young oak (*Quercus robur*). Tree Physiology, 27 (3): 365-374.

Saveyn A, Steppe K, Lemeur R. 2008a. Report on non-temperature related variations in CO_2 efflux rates from young tree stems in the dormant season. Trees: Structure and Function, 22 (2): 165-174.

Saveyn A, Steppe K, McGuire M A, et al. 2008b. Stem respiration and carbon dioxide efflux of young *Populus deltoides* trees in relation to temperature and xylem carbon dioxide concentration. Oecologia, 154 (4): 637-649.

Sayer E J, Powers J S, Tanner E V J. 2007. Increased litterfall in tropical forests boosts the transfer of soil CO_2 to the atmosphere. PLoS One, 2 (12): e1299.

Schaefer D A, Feng W T, Zou X M. 2009. Plant carbon inputs and environmental factors strongly affect soil respiration in a subtropical forest of southwestern China. Soil Biology and Biochemistry, 41 (5): 1000-1007.

Schimel D S. 1995. Terrestrial ecosystems and the carbon cycle. Global Change Biology, 1: 77-91.

Schindlbacher A, Zechmeister-Boltenstern S, Kitzler B, et al. 2008. Experimental forest soil warming: Response of autotrophic and heterotrophic soil respiration to a short-term 10℃ temperature rise. Plant and Soil, 303 (1-2): 323-330.

Schlesinger W H, Andrews J A. 2000. Soil respiration and the global carbon cycle. Biogeochemistry, 48 (1): 7-20.

Scott-Denton L E, Sparks K L, Monson R K. 2003. Spatial and temporal controls of soil respiration rate in a high-elevation, subalpine forest. Soil Biology and Biochemistry, 35 (4): 525-534.

Scott-Denton L E, Rosenstiel T N, Monson R K. 2006. Differential controls by climate and substrate over the heterotrophic and rhizospheric components of soil respiration. Global Change Biology, 12 (2): 205-216.

Sheng H, Yang Y S, Yang Z J, et al. 2010. The dynamic response of soil respiration to land-use changes in subtropical China. Global Change Biology, 16 (3): 1107-1121.

Shi Z, Li Y Q, Wang S J, et al. 2009. Accelerated soil CO_2 efflux after conversion from secondary oak forest to pine plantation in southeastern China. Ecological Research, 24 (6): 1257-1265.

Shibistova O, Lloyd J, Evgrafova S, et al. 2002. Seasonal and spatial variability in soil CO_2 efflux rates for a central Siberian Pinus sylvestris forest. Tellus B: Chemical and Physical Meteorology, 54 (5): 552-567.

Sims P L, Bradford J A. 2001. Carbon dioxide fluxes in a southern plains prairie. Agricultural and Forest Meteorology, 109 (2): 117-134.

Singh J S, Gupta S R. 1977. Plant decomposition and soil respiration in terrestrial ecosystems. The botanical review, 43 (4): 449-528.

Sinsabaugh R L, Carreiro M M, Repert D A. 2002. Allocation of extracellular enzymatic activity in relation to litter composition, N deposition, and mass loss. Biogeochemistry, 60 (1): 1-24.

Smith P, Fang C M. 2010. Carbon cycle: A warm response by soils. Nature, 464 (7288): 499-500.

Smith V R. 2005. Moisture, carbon and inorganic nutrient controls of soil respiration at a sub-Antarctic island. Soil Biology and Biochemistry, 37 (1): 81-91.

Stockfors J. 2000. Temperature variations and distribution of living cells within tree stems: Implications for stem respiration modeling and scale-up. Tree Physiology, 20 (15): 1057-1062.

Subke J A, Inglima I, Cotrufo M F. 2006. Trends and methodological impacts in soil CO_2 efflux partitioning: A metaanalytical review. Global Change Biology, 12 (6): 921-943.

Sulzman E W, Brant J B, Bowden R D, et al. 2005. Contribution of aboveground litter, belowground litter, and rhizosphere respiration to total soil CO_2 efflux in an old growth coniferous forest. Biogeochemistry, 73 (1): 231-256.

Tang J W, Baldocchi D D, Qi Y, et al. 2003. Assessing soil CO_2 efflux using continuous measurements of CO_2 profiles in soils with small solid-state sensors. Agricultural and Forest Meteorology, 118 (3): 207-220.

Tang J W, Baldocchi D D, Xu L. 2005. Tree photosynthesis modulates soil respiration on a diurnal time scale. Global Change Biology, 11 (8): 1298-1304.

Tang J W, Baldocchi D D. 2005. Spatial-temporal variation in soil respiration in an oak-grass savanna ecosystem in California and its partitioning into autotrophic and heterotrophic components. Biogeochemistry, 73 (1): 183-207.

Tang J W, Bolstad P V, Desai A R, et al. 2008. Ecosystem respiration and its components in an old-growth forest in the Great Lakes region of the United States. Agricultural and Forest Meteorology, 148 (2): 171-185.

Teskey R O, McGuire M A. 2002. Carbon dioxide transport in xylem causes errors in estimation of rates of respiration in stems and branches of trees. Plant Cell and Environment, 25 (11): 1571-1577.

Teskey R O, McGuire M A. 2007. Measurement of stem respiration of sycamore (*Platanus occidentalis* L.) trees involves internal and external fluxes of CO_2 and possible transport of CO_2 from roots. Plant Cell Environment, 30 (5): 570-579.

Teskey R O, Saveyn A, Steppe K, et al. 2008. Origin, fate and significance of CO_2 in tree stems. New Phytologist, 177 (1): 17-32.

Thornley J H M, Cannell M G R. 2000. Modelling the components of plant respiration: representation and realism. Annals of Botany, 85 (1): 55-67.

Thuiller W, Lavorel S, Araújo M B, et al. 2005. Climate change threats to plant diversity in Europe. Proceedings of the National Academy of Sciences of the United States of America, 102 (23): 8245-8250.

Trumbore S. 2000. Age of soil organic matter and soil respiration: Radiocarbon constraints on belowground C dynamics. Ecological Applications, 10 (2): 399-411.

Trumbore S. 2006. Carbon respired by terrestrial ecosystems- recent progress and challenges. Global Change Biology, 12 (2): 141-153.

Tufekcioglu A, Ozbayram A K, Kucuk M. 2009. Soil respiration in apple orchards, poplar plantations and adjacent grasslands in Artvin, Turkey. Journal of Environmental Biology, 30: 815-820.

Valentini R, Angelis P D, Matteucci G, et al. 1996. Seasonal net carbon dioxide exchange of a beech forest with the atmosphere. Global Change Biology, 2 (3): 197-207.

Valentini R, Matteucci G, Dolman A J, et al. 2000. Respiration as the main determinant of carbon balance in European forests. Nature, 404 (6780): 861-865.

Vanhala P, Karhu K, Tuomi M, et al. 2007. Old soil carbon is more temperature sensitive than the young in an agricultural field. Soil Biology and Biochemistry, 39 (11): 2967-2970.

Vargas R, Allen M F. 2008. Environmental controls and the influence of vegetation type, fine roots and rhizomorphs on diel and seasonal variation in soil respiration. New Phytologist, 179 (2): 460-471.

Vose J M, Ryan M G. 2002. Seasonal respiration of foliage, fine roots, and woody tissues in relation to growth, tissue N, and photosynthesis. Global Change Biology, 8 (2): 182-193.

Waldrop M P, Firestone M K. 2004. Altered utilization patterns of young and old soil C by microorganisms caused by temperature shifts and N additions. Biogeochemistry, 67 (2): 235-248.

Wallenstein M D, McMahon S K, Schimel J P. 2009. Seasonal variation in enzyme activities and temperature sensitivities in Arctic tundra soils. Global Change Biology, 15 (7): 1631-1639.

Wang C K, Yang J Y. 2007. Rhizospheric and heterotrophic components of soil respiration in six Chinese temperate forests. Global Change Biology, 13 (1): 123-131.

Wang C K, Yang J Y, Zhang Q Z. 2006. Soil respiration in six temperate forests in China. Global Change Biology, 12 (11): 2103-2114.

Wang M, Guan D X, Han S J, et al. 2010. Comparison of eddy covariance and chamber-based methods for measuring CO_2 flux in a temperate mixed forest. Tree Physiology, 30 (1): 149-163.

Wang W J, Yang F J, Zu Y G, et al. 2003. Stem respiration of a larch (*Larix gmelini*) plantation in northeast China. Acta Botanica Sinica, 45 (12): 1387-1397.

Wang W, Wang T, Peng S S, et al. 2007. Review of winter CO_2 efflux from soils: A key process of CO_2 exchange between soil and atmosphere. Journal of Plant Ecology, 31: 394-402.

Wang X G, Zhu B, Gao M R, et al. 2008a. Seasonal variations in soil respiration and temperature sensitivity under three land-use types in hilly areas of the Sichuan Basin. Australian Journal of Soil Research, 46 (8): 727-734.

Wang X G, Zhu B, Wang Y Q, et al. 2008b. Field measures of the contribution of root respiration to soil respiration in an alder and cypress mixed plantation by two methods: Trenching method and root biomass regression method. European Journal of Forest Research, 127 (4): 285-291.

Wang Y D, Wang H M, Ma Z Q, et al. 2009. Contribution of aboveground litter decomposition to soil respiration in a subtropical coniferous plantation in southern China. Asia-pacific journal of atmospheric science, 45 (2): 137-147.

Wang Y S, Hu Y Q, Ji B M, et al. 2003. An investigation on the relationship between emission/uptake of greenhouse gases and environmental factors in semiarid grassland. Advances in Atmospheric Sciences, 20 (1): 119-127.

Wardle D A, Bardgett R D, Klironomos J N, et al. 2004. Ecological linkages between aboveground and belowground biota. Science, 304 (5677): 1629-1633.

Wen X F, Yu G R, Sun X M, et al. 2006. Soil moisture effects on the temperature dependence of ecosystem respiration in a subtropical Pinus plantation of southeastern China. Agricultural and Forest Meteorology, 137 (3-4): 166-175.

Wertin T M, Teskey R O. 2008. Close coupling of whole-plant respiration to net photosynthesis and carbohydrates. Tree Physiology, 28 (12): 1831-1840.

Wieser G, Bahn M. 2004. Seasonal and spatial variation of woody tissue respiration in a Pinus cembra tree at the alpine timberline in the central Austrian Alps. Trees: Structure and Function, 18 (5): 576-580.

Xiang W, Freeman C. 2009. Annual variation of temperature sensitivity of soil organic carbon decomposition in Northpeatlands: Implications for thermal responses of carbon cycling to global warming. Environmental Geology, 58 (3): 499-508.

Xu M, Qi Y. 2001a. Soil-surface CO_2 efflux and its spatial and temporal variations in a young ponderosa pine plantation in northern California. Global Change Biology, 7 (6): 667-677.

Xu M, Qi Y. 2001b. Spatial and seasonal variations of Q_{10} determined by soil respiration measurements at a Sierra Nevadan forest. Global Biogeochemical Cycles, 15 (3): 687-696.

Xu M, DeBiase T A, Qi Y. 2000. A simple technique to measure stem respiration using a horizontally oriented soil chamber. Canadian Journal of Forest Research, 30 (10): 1555-1560.

Xu M, DeBiase T A, Qi Y, et al. 2001. Ecosystem respiration in a young ponderosa pine plantation in the Sierra Nevada Mountains, California. Tree Physiology, 21 (5): 309-318.

Yan J H, Zhang D Q, Zhou G Y, et al. 2009. Soil respiration associated with forest succession in subtropical forests in Dinghushan Biosphere Reserve. Soil Biology and Biochemistry, 41 (5): 991-999.

Yang Q P, Xu M, Chi Y G, et al. 2012. Temporal and spatial variations of stem CO_2 efflux of three species in subtropical China. Journal of Plant Ecology, 5 (2): 229-237.

Yim M H, Joo S J, Nakane K. 2002. Comparison of field methods for measuring soil respiration: A static alkali absorption method and two dynamic closed chamber methods. Forest Ecology and Management, 170 (1-3): 189-197.

Yu G R, Wen X F, Li Q K, et al. 2005. Seasonal patterns and environmental control of ecosystem respiration in subtropical and temperate forests in China. Science in China (Series D), 48 (S1): 93-105.

Yu G R, Zhang L M, Sun X M, et al. 2008. Environmental controls over carbon exchange of three forest ecosystems in eastern China. Global Change Biology, 14 (11): 2555-2571.

Yuste J C, Janssens I A, Carrara A, et al. 2003. Interactive effects of temperature and precipitation on soil respiration in a temperate maritime pine forest. Tree Physiology, 23: 1263-1270.

Yuste J C, Janssens I A, Carrara A, et al. 2004. Annual Q_{10} of soil respiration reflects plant phenological patterns as well as temperature sensitivity. Global Change Biology, 10 (2): 161-169.

Yuste J C, Baldocchi D D, Gershenson A, et al. 2007. Microbial soil respiration and its dependency on carbon inputs, soil temperature and moisture. Global Change Biology, 13 (9): 2018-2035.

Yuste J C, Peñuelas J, Estiarte M, et al. 2011. Drought-resistant fungi control soil organic matter decomposition and its response to temperature. Global Change Biology, 17 (3), 1475-1486.

Zach A, Horna V, Leuschner C, et al. 2006. Patterns of wood carbon dioxide efflux across a 2, 000-m elevation transect in an Andean moist forest. Oecologia, 162 (1): 127-137.

Zha T S, Kellomäki S, Wang K Y, et al. 2004. Seasonal and annual stem respiration of Scots pine trees under boreal conditions. Annals of Botany, 94 (6): 889-896.

Zha T S, Xing Z S, Wang K Y, et al. 2007. Total and component carbon fluxes of a Scots pine ecosystem from chamber measurements and eddy covariance. Annals of Botany, 99 (2): 345-353.

Zhao P, Hölscher D. 2009. The concentration and efflux of tree stem and the role of xylem sapflow. Frontiers of Biology in China, 4 (1): 47-54.

Zheng Z M, Yu G R, Fu Y L, et al. 2009. Temperature sensitivity of soil respiration is affected by prevailing climatic conditions and soil organic carbon content: A trans- China based case study. Soil Biology and Biochemistry, 41 (7): 1531-1540.

Zhou T, Shi P J, Hui D F, et al. 2009. Global pattern of temperature sensitivity of soil heterotrophic respiration (Q_{10}) and its implications for carbon-climate feedback. Journal of Geophysical Research: Biogeosciences, 114 (G2): G02016.

Zhu J J, Yan Q L, Fan A N, et al. 2009. The role of environmental, root, and microbial biomass characteristics in soil respiration in temperate secondary forests of Northeast China. Trees: Structure and Function, 23 (1): 189-196.